Dieter Grillmayer

ALGEBRA

Dieter Grillmayer

ALGEBRA
Strukturtheorie und Gleichungslehre

*„Wer die erhabene Weisheit der Mathematik tadelt,
nährt sich von Verwirrung"*

Leonardo da Vinci (1452 – 1519), Universalgenie

Bibliographische Information der Deutschen Bibliothek:
Die Deutsche Bibliothek verzeichnet diese Publikation in der
Deutschen Nationalbibliographie;
detaillierte bibliographische Daten sind im Internet über
http://dnb.ddb.de abrufbar

ISBN: 9783753499895

2021 Copyright by Dieter Grillmayer

Herstellung und Verlag:
BoD - Books on Demand, Norderstedt

Inhaltsverzeichnis

Vorwort

Unlängst bin ich auf einen Aufsatz von mir mit dem Titel „Die Neue Mathematik" gestoßen, der u. a. im Jahresbericht 1975/76 des BRG Steyr veröffentlicht worden ist. Aktueller Anlass dazu war die Diskussion über die „Mengenlehre", deren Aufnahme in den Mathematikunterricht in der Öffentlichkeit auf wenig Verständnis gestoßen war. Meine Intention war es damals, Verständnis für die Reform zu wekken, aber gleichzeitig ein Maßhalten einzufordern. Jahre später hat dann das (österr.) Unterrichtsministerium die Reform meiner Meinung nach etwas zu weit zurückgenommen, vor allem im Bereich der Strukturmathematik (Gruppen, Ringe, Körper, Vektorräume). Denn nicht von ungefähr hat Sir Bertrand RUSSELL (1872 – 1970) den Durchbruch der Mathematik zu einer axiomatisch aufgebauten Strukturwissenschaft mit folgenden Worten gewürdigt: *„Der größte Triumph der Mathematik ist, entdeckt zu haben, was Mathematik wirklich ist."*

Darum sollte der Mathematikunterricht an Höheren Schulen im Bereich der Algebra zumindest ansatzweise über das klassische Lehrziel ein wenig hinausgehen, das (nach Wikipedia) kurz gesagt folgende Inhalte umfasst: Rechenregeln im Umgang mit Zahlen und mit Ausdrücken, die Variable enthalten, sowie Wege zum Auflösen von Gleichungen. Dasselbe bringen auch die beiden gängigsten Inhaltsangaben des Begriffs „Algebra" zum Ausdruck, nämlich „Buchstabenrechnen" und „Gleichungslehre". Auf derselben Wikipedia-Seite kann dann aber wörtlich nachgelesen werden: „Die abstrakte Algebra ist eine Grundlagendisziplin der modernen Mathematik. Sie beschäftigt sich mit speziellen algebraischen Strukturen wie Gruppen, Ringen und Körpern."

In dieser Arbeit habe ich nun versucht, das Reifeprüfungswissen über Gleichungen und die zugehörigen Lösungsstrategien in kompakter Form und unter Benützung derselben Techniken darzustellen, die dafür schon immer gegolten haben. Nur hinsichtlich der Fachsprache und ergänzender Hinweise auf Strukturphänomene habe ich der „Modernisierung" Rechnung getragen, welche im Bereich der wissenschaftlichen Mathematik bereits im 19. Jahrhundert eingesetzt hat und daher keinesfalls mehr als „neu" bezeichnet werden kann.

Am reinen Rechnen hat sich dadurch aber kaum etwas geändert, abgesehen vom zunehmenden Gebrauch von Taschenrechnern. Das hat vor allem im Bereich der transzendenten Funktionen neue Aufgabenstellungen eröffnet und den Zeitaufwand für deren Bewältigung reduziert. Mit dem Computerrechnen kann ich mich als Mathematiker, der mit seinem Fach vor allem das Bildungsziel verbindet, logisch, strukturiert und ganzheitlich denken zu lernen, aber bis heute nicht anfreunden.

Auch mit Projektunterricht habe ich nie viel anfangen können, weil die Mathematik jedenfalls nach durchkomponierten Lehrgängen verlangt. Gleichwohl wird man nicht immer „bei Adam und Eva" anfangen können; daher sind auch für das verständnisvolle Nachvollziehen der Inhalte dieses Buches gewisse Grundkenntnisse und Fertigkeiten Voraussetzung. Das betrifft vor allem die Beherrschung des Bruch- und des Potenzrechnens sowie der einfachen algebraischen Rechenoperationen. Den Funktionen habe ich zwar ein kurzes Kapitel gewidmet und diese als Abbildungen vorwiegend von Zahlenmengen aufeinander exakt definiert, doch ist ein darüber hinaus gehendes Wissen, etwa über den Verlauf von Funktionskurven, sicher von Vorteil. Vor allem der Umgang mit Winkelfunktionen sollte geläufig sein. Was Ableitungsfunktionen betrifft sind entsprechende Kenntnisse allerdings nur im Abschnitt über das Newtonsche Näherungsverfahren erforderlich.

Auf das Beifügen einer Aufgabensammlung habe ich verzichtet, weil es dazu ohnehin eine sehr umfangreiche Literatur älteren und neueren Datums gibt. Die durchgeführten Rechenbeispiele dienen ausschließlich der Erläuterung der vorher dargestellten Theorie.

Letztlich hoffe ich, die Gratwanderung zwischen Exaktheit und Verständlichkeit halbwegs gut bewältigt zu haben und dass dieses Buch möglichst vielen Leserinnen und Lesern von Nutzen sein kann.

Dieter Grillmayer

8

Abschnitt 1:

Mengen und Mengenstrukturen

Die Einführung des Mengenbegriffes hat sich, einschließlich der zugehörigen Symbole, aus vielerlei Gründen sehr bewährt. Ob damit aber schon eine eigene „Lehre" begründet worden ist darf bezweifelt werden. Nach meinem Hochschulwissen ist unter der Mengenlehre im eigentlichen Sinn vor allem die Lehre von den Mächtigkeiten unendlicher Mengen (UA 1.23, Seite 15) zu verstehen.

1.1 Mengenbegriffe und Mengensymbole

Grundsätzlich können die verschiedensten Dinge, auch ohne irgendwelche gemeinsame Eigenschaften zu besitzen, zu Mengen im mathematischen Sinn zusammengefasst werden, obwohl die abstrakten Objekte der Mathematik, wie z. B. Zahlen, Vektoren und Funktionen, dabei natürlich im Vordergrund stehen.

1.11 Mengen und ihre Darstellung

Eine *Menge* im mathematischen Sinn ist eine Zusammenfassung voneinander unterscheidbarer Dinge. Diese werden *Elemente* der Menge genannt und in der Regel durch Kleinbuchstaben symbolisiert, die Mengen selbst durch Großbuchstaben. Im aufzählenden Verfahren lässt sich eine aus nur endlich vielen Elementen bestehende *endliche Menge* (zumindest grundsätzlich) durch ihre zwischen Mengenklammern gesetzte Elemente vollständig darstellen; auf die Reihenfolge kommt es dabei nicht an. Die Symbole $\in$ und $\notin$ dienen der Feststellung, ob ein Element einer Menge angehört oder nicht.

Beispiele:

1. $M = \{a, b, c\} = \{b, c, a\} = \{c, a, b\}$ usw. Die Elemente a, b und c können die ersten drei Buchstaben des Alphabets selbst sein, aber diese Buchstaben können auch ganz andere Dinge symbolisieren. Jedenfalls gilt $a \in M$, $b \in M$ und $c \in M$, aber $d \notin M$.

9

2. In der Wahrscheinlichkeitsrechnung sind Beispiele üblich, bei denen verschiedenfarbige Kugeln aus einer Urne gezogen werden. Sind es zwei blaue, drei rote und vier schwarze Kugeln, so müssen diese „indiziert" werden, um den Urneninhalt im aufzählenden Verfahren angeben zu können: $U = \{ b_1, b_2, r_1, r_2, r_3, s_1, s_2, s_3, s_4 \}$.

3. Eine Menge M von Zahlen $m \in M$, die größer als 5 und kleiner als 3 sein sollen, enthält keine Elemente. Solche Mengen werden als *leere Mengen* $L = \{\ \}$ bezeichnet. Symbolisch wird M im beschreibenden Verfahren als $M = \{m\ /\ m > 5 \wedge m < 3\} = \{\ \}$ dargestellt, gesprochen „Menge M, für deren Elemente m gilt: $m > 5$ und $m < 3$".

1.12 Mengenbeziehungen und Mengenoperationen

Neben der Teilmengenbeziehung sind mehrere *Mengenoperationen* in Gebrauch, die hier einschließlich der dazugehörigen Symbole aufgelistet werden:

$A \subseteq B \Leftrightarrow B \supseteq A$: A ist eine *Teilmenge* von B bzw. B ist eine *Obermenge* von A, wenn B alle Elemente von A, aber möglicherweise auch noch weitere Elemente enthält. In letzterem Fall handelt es sich um *echte Teil-* bzw. *Obermengen*, was durch die Symbole $\subset$ bzw. $\supset$ angezeigt werden kann.

$A \cap B = C$, sprich „A durchschnitten mit B": Die *Durchschnittsmenge* C enthält alle Elemente, die in A <u>und</u> in B vorkommen ($\Rightarrow C \subseteq A$ und $C \subseteq B$).

$A \cup B = C$, sprich „A vereinigt mit B": Die *Vereinigungsmenge* C enthält alle Elemente, die in A <u>oder</u> in B (oder in A <u>und</u> in B) vorkommen ($\Rightarrow A \subseteq C$ und $B \subseteq C$).

$A \setminus B = C$, sprich „A ohne B": Die *Differenzmenge* C enthält alle Elemente von A, die nicht in B vorkommen ($C \subseteq A$ und $B \not\subset C$).

$A \times B = C$, sprich „A kreuz B": Die *Produktmenge* C enthält alle geordneten Paare, deren erstes Element der Menge A und deren zweites Element der Menge B angehört. (Analog ist $A \times B \times C$ die Menge aller geordneten Tripel, usw.)

10

Beispiele:

1. Zu $M = \{a, b, c\}$ gibt es folgende echte Teilmengen: $T_1 = \{a, b\}$, $T_2 = \{a, c\}$, $T_3 = \{b, c\}$, $T_4 = \{a\}$, $T_5 = \{b\}$, $T_6 = \{c\}$, $T_7 = \{\ \}$.

2. $A = \{a, b, c, d\}$, $B = \{c, d, e, f\}$: $A \cap B = B \cap A = \{c, d\}$, $A \cup B = B \cup A = \{a, b, c, d, e, f\}$, $A \setminus B = \{a, b\}$, $B \setminus A = \{e, f\}$

3. $A = \{1, 2, 3, 4\}$, $B = \{3, 4\}$: $A \times B = \{(1, 3), (1, 4), (2, 3), (2, 4), (3, 3), (3, 4), (4, 3), (4, 4)\}$. Anmerkung: Bei geordneten Zahlenpaaren (allgemein: Vektoren) kommt es, im Unterschied zu Mengen, auf die Reihenfolge sehr wohl an, daher $(3, 4) \neq (4, 3)$.

1.2 Zahlenmengen

Vom deutschen Mathematiker Leopold KRONECKER (1823 – 1891) ist der Satz überliefert: „Die ganzen Zahlen hat der liebe Gott gemacht, alles andere ist Menschenwerk". Dem steht die Auffassung gegenüber, dass nur die positiven ganzen oder *natürlichen Zahlen*, die sich in einer Menge $N = \{1, 2, 3, ...\}$ zusammenfassen lassen, „der liebe Gott" gemacht hat. Die Menschheit musste mit ihnen „natürlich" von Anfang an vertraut sein, sonst hätten etwa die Hirten nie ihre Schafe zählen und damit herausfinden können, ob noch alle vorhanden sind.

1.21 Die ganzen Zahlen

Unter diesem Gesichtspunkt gehört aber dann bereits die Null nicht mehr zu den natürlichen Zahlen, denn der Viehhüter hat keinen Zahlbegriff gebraucht, um auszudrücken, dass ihm keine Tiere abgehen. Üblicherweise wird mit N_0 die Vereinigungsmenge $\{0\} \cup N = \{0, 1, 2, 3, ...\}$ symbolisiert. In ihr sind die Addition $a + b$ und die Multiplikation $a \cdot b$ uneingeschränkt durchführbar, aber die Subtraktion $a - b$ nur für $b \leq a$.

Um hier Abhilfe zu schaffen sind die negativen ganzen Zahlen, zusammengefasst in der Menge $Z^- = \{-1, -2, -3, ...\}$, „erfunden" worden, deren Vereinigung mit N_0 die Menge Z der *ganzen Zahlen* bildet:

$Z = \{..., -3, -2, -1, 0, 1, 2, 3, ...\}$. Diese Menge ist „abgeschlossen" gegenüber der Addition, der Multiplikation und der Subtraktion, womit zum Ausdruck gebracht wird, dass diese Grundrechnungsarten in ihr uneingeschränkt möglich sind. Je zwei ganze Zahlen, die sich nur durch das Vorzeichen (+ oder –, wobei + nicht geschrieben wird) unterscheiden, werden *entgegengesetzte Zahlen* genannt und erlauben es, die Subtraktion a – b als Addition a + (–b) zu definieren und damit als eigenständige Rechnungsart im Prinzip zu erübrigen. Im Anfängerunterricht wird das gerne anhand der *Zahlengeraden*, auf der die den ganzen Zahlen zugeordneten Punkte „diskret" (= in regelmäßigen Abständen voneinander entfernt) liegen, und von Pfeilen demonstriert. Diese Pfeile orientieren sich nach Länge und Richtung an der Zahl, die hinzugezählt wird. In der folgenden Darstellung handelt es sich um die Fälle $-5 - (-2) = -5 + 2 = -3$, $2 - 4 = 2 + (-4) = -2$ und $5 - 2 = 5 + (-2) = 3$.

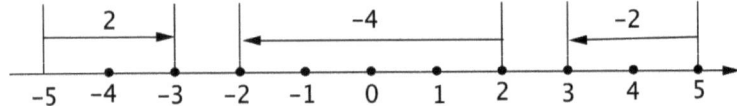

Anmerkung: Die Rechnung erfolgt im Prinzip nach den Regeln der Vektoraddition (UA 1.42, Seite 21), wenn als erster Pfeil derjenige gilt, welcher vom Nullpunkt zu dem Punkt hinführt, der für den ersten Summanden steht. Der vom Nullpunkt zur Spitze des zweiten Summanden hinführende Pfeil repräsentiert dann die Summe.

1.22 Die rationalen Zahlen

Bei der Division (Teilung) einer ganzen Zahl a, den *Dividenden*, durch eine ganze Zahl, den *Divisor* $b \neq 0$, bleibt im Zahlenbereich Z in der Regel ein Rest r. Es gilt $a : b = c$ mit Rest r und als Probe $b \cdot c = a + r$. Diese „Division mit Rest" begründet in der Menge Z die Phänomene Teilbarkeit, Primzahlen und Restklassen. Für $r = 0$ sind b und c Teiler von a, die Division „geht sich aus" während der Fall $r \neq 0$ eine Erweiterung der Menge Z zur Menge Q der *rationalen Zahlen* notwendig macht. In ihr ist die Division $a : b = q$ (*Quotient*) für jede von 0 verschiedene Zahl b uneingeschränkt möglich bzw. erübrigt sie sich überhaupt, wenn q als *Bruchzahl* dargestellt wird.

12

Aus $q = a : b = \frac{a}{b} = a \cdot \frac{1}{b}$ folgt auch, dass im Zahlenbereich $\mathbf{Q}$ jede Division als Multiplikation mit dem *Kehrwert* $\frac{1}{b}$ des Divisors ausgeführt werden kann.

Jede Bruchzahl lässt sich durch Kürzen und Erweitern beliebig umformen, ohne dass sich dadurch an ihrem Zahlenwert etwas ändert. So gilt etwa $28 : 35 = \frac{28}{35} = \frac{4}{5} = \frac{8}{10} = 0,8$ und $\frac{1}{0,8} = \frac{10}{8} = \frac{5}{4} = \frac{125}{100} = 1,25$. Diese Beispiele veranschaulichen auch die beiden wichtigsten umkehrbar eindeutigen Darstellungen rationaler Zahlen, nämlich in der Bruchform $\frac{z}{n}$, bei welcher der *Zähler* $z \in \mathbf{Z}$ und der *Nenner* $n \in \mathbf{N}$ teilerfremd sind und $n = 1$ für die ganzen Zahlen steht, sowie als Dezimalzahlen. Diese stehen entweder für Brüche, deren Nenner Zehnerpotenzen ($10^1 = 10$, $10^2 = 100$, $10^3 = 1000$ usw.) sind und *Dezimalbrüche* genannt werden, oder der Divisionsalgorithmus liefert *periodische Dezimalzahlen* mit unendlich vielen Stellen, sodass mit Näherungswerten gerechnet werden muss. Ich bevorzuge daher die Bruchschreibweise, die mir auch „anschaulicher" zu sein scheint in dem Sinn, dass man sich etwa unter drei Viertel mehr vorstellen kann als unter 0,75. Die positiven Bruchzahlen werden somit im Schulunterricht durchaus zu Recht vor den negativen Zahlen eingeführt und sollte der Vorteil der Anschaulichkeit m. E. durch einen zu frühen Übergang zur Dezimalschreibweise nicht geschmälert werden. Im Übrigen ist die Bruchrechnung in der Mathematik die erste echte Herausforderung und liefert bis zuletzt exakte Ergebnisse.

Andererseits erlauben nur die Dezimalzahlen die eindeutige Zuordnung der rationalen Zahlen auf die Punkte der Zahlengeraden, wie bereits dargestellt, die dort „dicht" liegen in dem Sinn, dass zwischen zwei rationalen Zahlen q_1 und q_2 immer auch noch deren *arithmetisches Mittel* $q_3 = \frac{q_1 + q_2}{2}$ Platz hat.

1.23 Die reellen Zahlen

Mit Ausnahme der nicht definierten Division durch 0 ist die Menge $\mathbf{Q}$ der rationalen Zahlen abgeschlossen gegenüber allen vier Grundrechnungsarten, was die antiken Mathematiker lange Zeit glauben ließ, mit

13

diesen verstandesmäßig („rational") gut begreifbaren Zahlen wäre das Auslangen zu finden. Dass dem nicht so ist, das hat erst die Umkehrung des Quadrierens, nämlich das Quadratwurzelziehen im Zusammenhang mit dem Pythagoräischen Lehrsatz, ans Licht gebracht.

Der Beweis, dass $\sqrt{2}$ keine rationale Zahl ist, gehört zu den berühmtesten indirekten Beweisen und wird EUKLID (ca. 365 – 300 v. Chr.) zugeschrieben. Dabei wird vorausgesetzt, dass die Wurzel eine rationale Zahl ist und also in der Form $\frac{z}{n}$ mit teilerfremdem z und n dargestellt werden kann. Die folgende Rechnung liefert hingegen das folgende Ergebnis: $\sqrt{2} = \frac{z}{n} \Rightarrow 2 = \frac{z^2}{n^2} \Rightarrow z^2 = 2n^2$, somit muss z eine gerade Zahl sein: $z = 2z_1$. Wir setzen also mit $z^2 = 2n^2 = 4z_1^2$ fort, was $n^2 = 2z_1^2$ bedeutet, wonach also auch n eine gerade Zahl sein müsste, was einen Widerspruch zur Voraussetzung darstellt, derzufolge z und n teilerfremd sind.

Die Berechnung von $\sqrt{2}$ mit Hilfe des Wurzelalgorithmus führt zu einer Dezimalzahl, die „kein Ende nimmt", aber auch nicht periodisch wird. Alle Zahlen mit diesem Kennzeichen werden in der Menge **I** der *irrationalen Zahlen* zusammengefasst, welche die meisten Wurzeln, aber z. B. auch die *Kreiszahl* π = 3,14159... und die *Eulersche Zahl* e = 2,71828... enthält.

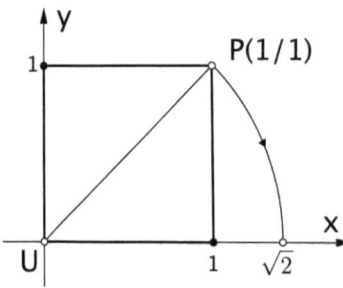

Mit diesen Zahlen eröffnete sich der Mathematik eine neue Welt voller Geheimnisse. Das beginnt schon damit, dass auf der Zahlengeraden auch für sie bzw. die ihnen entsprechenden Punkte noch Platz sein muss, wiewohl die rationalen Zahlen dort schon „dicht" liegen.

Sie und die irrationalen Zahlen bilden zusammen die Menge der *reellen Zahlen* **R** = **Q** $\cup$ **I**. Diese erfasst nun alle Punkte der Zahlengeraden lückenlos und ist „mächtiger" als die Menge **Q**. Die Erkenntnis, dass es verschiedene Qualitäten des Unendlichen gibt, verdanken wir dem

14

genialen deutsch-russischen Mathematiker Georg CANTOR (1845 – 1918), der als Begründer der *Mengenlehre* gilt. Während die Menge Q – so wie Z – nur eine *abzählbar unendliche Menge* ist, besitzt die Menge R die *Mächtigkeit des Continuums*.

Mit irrationalen Zahlen kann man grundsätzlich nicht exakt rechnen, sondern nur mit Näherungswerten. Der Fachmann behilft sich damit, so lange wie möglich mit den Symbolen (z. B. $\sqrt{2}$, π, e) wie mit Variablen zu rechnen und erst ganz zuletzt Näherungswerte einzusetzen. Heutzutage geschieht das allerdings fast nur mehr durch Eingabe der Symbole in den Taschenrechner. Das von diesem „ausgespuckte" Ergebnis ist allenfalls abschließend (nochmals) zu runden.

1.24 Die komplexen Zahlen

Mit den reellen Zahlen ist in der angewandten Mathematik – von wenigen Ausnahmen abgesehen – das Auslangen zu finden, und die Menge R ist abgeschlossen gegenüber den vier Grundrechnungsarten (mit Ausnahme der Division durch 0) und gegenüber dem Potenzieren. Auch dessen Umkehroperation, das Wurzelziehen, liefert für ungerade Wurzelexponenten ($n = 2k - 1$, $k \in N$) zu jedem *Radikanden* r $\in R$ genau eine reelle Wurzel $\sqrt[n]{r}$. Zum Beispiel ist $\sqrt[3]{-\pi}$ jene einzige (negative irrationale) Zahl, deren 3. Potenz $-\pi$ ergibt. Auch jede gerade Wurzel ($n = 2k$, $k \in N$) mit nichtnegativem reellem Radikanden $r \geq 0$ ist genau jene eine nichtnegative reelle Zahl, deren 2., 4., 6. ... Potenz den Radikanden ergibt, z. B. $\sqrt[6]{729} = 3$ wegen $3^6 = 729$.

Die Tatsache, dass es für negative Radikanden im Zahlenbereich R keine geraden Wurzeln gibt, weil gerade Potenzen immer nichtnegativ sind, hat die Mathematiker zur Einführung einer *imaginären Einheit* i, für die per definitionem $i^2 = -1$ gelten soll, veranlasst. Mit deren Hilfe kann das Problem höchst einfach aus der Welt geschafft werden, wie das folgende Beispiel veranschaulicht: $\sqrt{-4} = \sqrt{4 \cdot (-1)} = \sqrt{4 \cdot i^2} = \sqrt{4} \cdot \sqrt{i^2} = 2i$. Das Ergebnis ist allerdings, im Unterschied zu den „wirklichen" Zahlen $r \in R$, nur mehr eine „bildliche" oder *imaginäre Zahl*, die wie folgt mit Hilfe einer weiteren Definition in eine Menge C von *komplexen Zahlen* $c = a + b \cdot i$ mit $a \in R$ und $b \in R$ eingeordnet

15

werden kann. Die Zahl a wird als *Realteil* und b als *Imaginärteil* der komplexen Zahl c bezeichnet; für b = 0 ist c = a eine reelle Zahl und für a = 0 ist c = b·i eine (rein) imaginäre Zahl.

In C sind die vier Grundrechnungsarten (mit Ausnahme der Division durch 0) unter Benützung der Regeln, die für Klammerausdrücke gelten, uneingeschränkt möglich, und zwar gilt hinsichtlich der Addition/Subtraktion $(a_1 + b_1 \cdot i) \pm (a_2 + b_2 \cdot i) = (a_1 \pm a_2) + (b_1 \pm b_2) \cdot i$ und hinsichtlich der Multiplikation $(a_1 + b_1 \cdot i).(a_2 + b_2 \cdot i) = a_1 \cdot a_2 + a_1 \cdot b_2 \cdot i + a_2 \cdot b_1 \cdot i + b_1 \cdot b_2 \cdot i^2 = (a_1 \cdot a_2 - b_1 \cdot b_2) + (a_1 \cdot b_2 + a_2 \cdot b_1) \cdot i$. Interessant ist, dass bei *konjugiert komplexen Zahlen* a + b·i und a – b·i das Produkt mit $a^2 + b^2$ immer eine reelle Zahl ergibt, was auch beim Bilden des Kehrwerts eine komplexen Zahl durch Erweitern des Bruches mit der konjugiert komplexen Zahl hilfreich ist:

$$\frac{1}{a+b.i} = \frac{a-b.i}{a^2+b^2} = \frac{a}{a^2+b^2} - \frac{b}{a^2+b^2} \cdot i$$

1.3 Gruppen, Ringe und Körper

Wiewohl die klassische Algebra ohne diese Strukturbegriffe auskommt gehe ich hier darauf ein, erstens aus den bereits im Vorwort angedeuteten Gründen, und zweitens, weil für das Rechnen mit Zahlen und Variablen die für diese Strukturen postulierten Rechengesetze grundlegend sind.

1.31 Gruppen und Untergruppen

Für die Addition und die Multiplikation in Zahlenmengen {a, b, c, ...} gelten das *Assoziativgesetz* (a + b) + c = a + (b + c) bzw. (a·b)·c = a· (b·c), das *Kommutativgesetz* a + b = b + a bzw. a·b = b·a und das *Distributivgesetz* a·(b + c) = a·b + a·c. Das Assoziativgesetz („Verknüpfungsgesetz") besagt, dass es bei der Verknüpfung von drei oder mehr Summanden oder Faktoren auf die Reihenfolge nicht ankommt, dass z. B. 3 + 4 + 5 = 7 + 5 = 3 + 9 = 12 ist, und das Kommutativgesetz („Vertauschungsgesetz") versteht sich wohl von selbst. Nach dem Distributivgesetz können Klammern, in mehrfacher Anwendung auch

16

bei mehr als ein- und zweigliedrigen Faktoren, „ausmultipliziert" oder umgekehrt gemeinsame Faktoren herausgehoben werden.

Der Begriff der *Abgeschlossenheit* einer Menge gegenüber einer Verknüpfung ist anhand der Zahlenmengen schon erläutert worden. Gilt in einer solchen gegenüber einer *Verknüpfungsvorschrift*, im Weiteren durch $\oplus$ oder $\otimes$, allenfalls auch durch $\circ$ („Ringerl"), symbolisiert, das Assoziativgesetz, so bildet diese eine *Halbgruppe*. $(\mathbf{N}, +)$ und $(\mathbf{N}, \cdot)$ mögen dafür als Beispiele dienen, weil für jene Eigenschaften, welche aus einer Halbgruppe eine *Gruppe* machen, die Menge der natürlichen Zahlen nicht mehr in Frage kommt.

Diese Eigenschaften betreffen die Existenz eines *neutralen Elementes*, dessen Verknüpfung mit sich selbst und mit jedem anderen Element der Menge an diesem nichts ändert, sowie die Existenz von *inversen Elementen*, und zwar zu jedem der Menge angehörenden Element (mindestens) eines, sodass deren Verknüpfung miteinander jeweils das neutrale Element ergibt. Für die Zahlenaddition ist das neutrale Element offensichtlich die Zahl 0 und die Paare inverser Elemente sind die entgegengesetzten Zahlen sowie die zu sich selbst inverse Zahl 0. Für die Zahlenmultiplikation ist das neutrale Element die Zahl 1 und die Paare entgegengesetzter Elemente sind die Kehrwerte sowie die beiden zu sich selbst inversen Zahlen 1 und -1.

Es ist wohl eine leichte Übung, selbständig festzustellen, dass jede der Zahlenmengen $\mathbf{Z} \subset \mathbf{Q} \subset \mathbf{R} \subset \mathbf{C}$ *additive Gruppe*n $(\mathbf{Z}, +)$, $(\mathbf{Q}, +)$, $(\mathbf{R}, +)$ und $(\mathbf{C}, +)$ bilden sowie dass die Menge $\mathbf{Z}$ jedenfalls keine *multiplikative Gruppe* bildet, weil in ihr ja (mit zwei Ausnahmen) keine Kehrwerte vorhanden sind. Aber auch $\mathbf{Q}$, $\mathbf{R}$ und $\mathbf{C}$ bilden keine multiplikativen Gruppen, weil es zur Zahl 0 bekanntlich keinen Kehrwert gibt. Schließt man die 0 durch das Bilden von Differenzmengen hingegen aus, dann hat man mit $(\mathbf{Q}\backslash\{0\}, \cdot)$, $(\mathbf{R}\backslash\{0\}, \cdot)$ und $(\mathbf{C}\backslash\{0\}, \cdot)$ drei multiplikative Gruppen. Wenn zwei Mengen $A \subset B$ Gruppen hinsichtlich derselben Verknüpfung $\circ$ bilden, dann nennt man $(A, \circ)$ eine *Untergruppe* von $(B, \circ)$.

Ein sehr schönes Beispiel für eine Untergruppe der drei genannten multiplikativen Zahlengruppen ist die Gruppe $(\{1, -1\}, \cdot)$. Bei solchen

17

endlichen Gruppen lassen sich die Verknüpfungsergebnisse durch *Verknüpfungstafeln* darstellen:

$\cdot$	1	-1
1	1	-1
-1	-1	1

Alle Zahlengruppen sind *kommutative* oder *Abelsche Gruppen*, was bei Gruppentafeln durch eine Symmetrie hinsichtlich der von links oben nach rechts unten führenden Diagonalen zum Ausdruck kommt. Niels Henrik ABEL (1802 – 1829) war ein (früh an Tuberkulose verstorbener) genialer norwegischer Mathematiker. Im Weiteren sind mit (adjektivlosen) Gruppen immer Abelsche Gruppen gemeint.

Für Nicht-Zahlengruppen finden sich in der *Abbildungsgeomerie* hinsichtlich einer Verknüpfung durch *Hintereinanderausführen* $\circ$ zahlreiche Beispiele. So bildet die Menge T_2 aller *Translationen (Schiebungen)* in der Zeichenebene eine Gruppe mit der *Nullschiebung* als neutralem Element, und je zwei *entgegengesetzte Schiebungen* bilden die Paare inverser Elemente. Die Menge D aller *ebenen Drehungen* um ein Zentrum Z und einen Winkel δ besitzt zwar für $\delta = 0°$ mit der *Nulldrehung* ein neutrales Element und Drehungen mit gleichem Zentrum und entgegengesetzten Drehwinkeln sind paarweise zueinander invers, sie ist aber nicht abgeschlossen, weil das Hintereinanderausführen zweier Drehungen auch zu einer Schiebung führen kann. Die Menge $B = T_2 \cup D$ aller *ebenen Bewegungen* ist hingegen abgeschlossen und bildet eine *nicht kommutative Gruppe* (B, $\circ$) mit (T_2, $\circ$) als Untergruppe. In meinem Buch „Im Reich der Geometrie I" wird diese Materie ausführlich – auch algebraisch mit Hilfe von zwei Abbildungsgleichungen – abgehandelt.

1.32 Ringe und Körper

Die folgenden Strukturbergriffe bauen auf dem Gruppenbegriff auf und lassen sich mit dessen Hilfe sehr kompakt definieren: Eine Menge $M = \{a, b, c, ...\}$, in welcher es zwei Verknüpfungen $\oplus$ und $\otimes$ gibt, für welche das Distributivgesetz $a \otimes (b \oplus c) = (a \otimes b) \oplus (a \otimes c)$ gilt und in der (M, $\oplus$) eine Gruppe mit dem neutralen Element n bildet, besitzt

18

die Struktur eines *Ringes*, wenn (M, ⊗) eine Halbgruppe darstellt, und die Struktur eines *Körpers*, wenn (M\{n}, ⊗) alle Gruppeneigenschaften besitzt.

Nach den vorherigen Ausführungen führt uns das zum Ergebnis, dass die Menge $\mathbf{Z}$ einen Ring, den Ring der ganzen Zahlen ($\mathbf{Z}$, +, ·) und die Mengen $\mathbf{Q}$, $\mathbf{R}$ und $\mathbf{C}$ Zahlenkörper bilden. Für die Lösbarkeit von Gleichungen ist die Körpereigenschaft von deren Koeffizientenmenge maßgeblich. Daher wird die Körperdefinition gerne auch an dieser Frage festgemacht (UA 3.11, Seite 47).

1.33 Restklassenringe

Anhand der *Restklassenringe* kann die Universalität der Strukturmathematik eindrucksvoll belegt werden. Im Zusammenhang mit dem Thema, das in Abschnitt 7.2 behandelt wird, kommt aber auch ihre praktische Bedeutung zum Tragen.

In *Restklassen modulo m* werden nichtnegative ganze Zahlen zusammengeschlossen, welche bei Division durch eine Zahl $m \in \mathbf{N}$ denselben Rest ergeben. Zum Beispiel handelt es sich bei den Restklassen modulo 4 um die Zahlenmengen $\bar{0} = \{0, 4, 8, ...\}$, $\bar{1} = \{1, 5, 9, ...\}$, $\bar{2} = \{2, 6, 10, ...\}$ und $\bar{3} = \{3, 7, 11, ...\}$. In der Menge $R_4 = \{\bar{0}, \bar{1}, \bar{2}, \bar{3}\}$ lassen sich sowohl eine Addition wie auch eine Multiplikation definieren, welche auf die Zahlen zurückgreift, die sich in den zwei betroffenen Restklassen befinden.

+	$\bar{0}$	$\bar{1}$	$\bar{2}$	$\bar{3}$
$\bar{0}$	$\bar{0}$	$\bar{1}$	$\bar{2}$	$\bar{3}$
$\bar{1}$	$\bar{1}$	$\bar{2}$	$\bar{3}$	$\bar{0}$
$\bar{2}$	$\bar{2}$	$\bar{3}$	$\bar{0}$	$\bar{1}$
$\bar{3}$	$\bar{3}$	$\bar{0}$	$\bar{1}$	$\bar{2}$

·	$\bar{0}$	$\bar{1}$	$\bar{2}$	$\bar{3}$
$\bar{0}$	$\bar{0}$	$\bar{0}$	$\bar{0}$	$\bar{0}$
$\bar{1}$	$\bar{0}$	$\bar{1}$	$\bar{2}$	$\bar{3}$
$\bar{2}$	$\bar{0}$	$\bar{2}$	$\bar{0}$	$\bar{2}$
$\bar{3}$	$\bar{0}$	$\bar{3}$	$\bar{2}$	$\bar{1}$

Die beiden Verknüpfungstafeln zeigen die Ergebnisse, welche $\bar{0}$ als neutrales Element und das Paar $\bar{1}$ und $\bar{3}$ als zueinander inverse Elemente der additiven Verknüpfung ausweist, während die Restklassen $\bar{0}$ und $\bar{2}$ zu sich selbst invers sind. Hinsichtlich der multiplikativen Verknüpfung ist die Restklasse $\bar{1}$ das neutrale Element und die

Restklassen $\bar{1}$ und $\bar{3}$ sind zu sich selbst invers, während es zu den Restklassen $\bar{0}$ und $\bar{2}$ keine inversen Elemente gibt. Also ist $(R_4, +)$ eine endliche Gruppe, aber $(R_4, \cdot)$ ist nur eine Halbgruppe, was (wie bei jeder analogen Menge R_m von Restklassen) auf die Struktur eines Ringes hinweist. Die Gültigkeit der Assoziativ- und des Distributivgesetzes versteht sich aus der für das Zahlenrechnen; die Kommutativität belegt die Symmetrie der Tafeln bezüglich einer Diagonalen.

Die rechte Tafel zeigt das Phänomen von *Nullteilern* auf, indem $\bar{2} \cdot \bar{2} = \bar{0}$ ergibt. Im Zahlen- und im Polynombereich gibt es solche Nullteiler nicht. Ein Produkt ist da nämlich nur dann 0, das aber ganz gewiss, wenn wenigstens einer seiner Faktoren 0 ist. Diese Tatsache spielt beim Auflösen von Gleichungen eine sehr große Rolle.

1.4 Vektoren und Vektorräume

Diesem Thema habe ich in meinen zwei Büchern „Im Reich der Geometrie I/II" im Hinblick auf seine große praktische Bedeutung für die rechnerische Behandlung vor allem dreidimensionaler Phänomene viel Platz eingeräumt. Die Gleichungslehre wird davon hingegen nur am Rande berührt, aber die besondere Struktur von Vektorräumen rechtfertigt dann doch ihre Behandlung im gegenständlichen Kontext.

1.41 Der Vektor als Pfeilklasse und als Zahlen-n-tupel

Ein *Vektor* als geometrischer Begriff ist eine *Pfeilklasse* und aus algebraischer Sicht handelt es sich um ein geordnetes *Zahlen-n-tupel* (*Zahlenpaar, Zahlentripel, Zahlenquadrupel* usw.), aber im Sonderfall kann es sich auch nur um eine einzige Zahl handeln. Vektoren geben ein sehr gutes Beispiel für die Verschwisterung von Geometrie und Algebra ab.

Eine gerichtete Strecke $\overrightarrow{PQ}$ mit dem Anfangspunkt P und dem Endpunkt Q ist ein *Pfeil*, P ist sein *Angriffspunkt* oder *Schaft* und Q ist sein *Zielpunkt* oder seine *Spitze*. Die Menge aller gleich langen und gleich gerichteten Pfeile heißt *Pfeilklasse* und veranschaulicht einen *Vektor* $\vec{v}$. Jeder Pfeil der Pfeilklasse ist ein *Repräsentant* des Vektors.

20

Die Menge aller zu einer Geraden parallelen Pfeilklassen bildet einen eindimensionalen Vektorraum V_1, die Menge aller zu einer Ebene parallelen Pfeilklassen einen zweidimensionalen Vektorraum V_2 und die Menge aller Pfeilklassen des dreidimensionalen Raumes einen dreidimensionalen Vektorraum V_3. Aus anschaulich geometrischer Sicht sind damit alle Möglichkeiten ausgeschöpft, nicht jedoch aus algebraischer Sicht.

Der Zusammenhang kann durch das Einführen von Koordinatensystemen Ux (= Zahlengerade), Uxy bzw. Uxyz und die auf diese bezogenen Koordinaten der Spitzen von Pfeilen hergestellt werden, die im Ursprung U ansetzen.

Die nebenstehende Figur veranschaulicht diesen Sachverhalt für den zweidimensionalen Fall an einem konkreten Beispiel. Vom Ursprung U zum Punkt A(3|2) der Zeichenebene führt ein Pfeil als Repräsentant des Vektors $\vec{a} = (3, 2)$, zum Punkt B(–2|3) ein Pfeil als Repräsentant des Vektors $\vec{b} = (-2, 3)$, und zum Punkt C(1|5) führt ein Pfeil als Repräsentant des Vektors $\vec{c} = (1, 5)$.

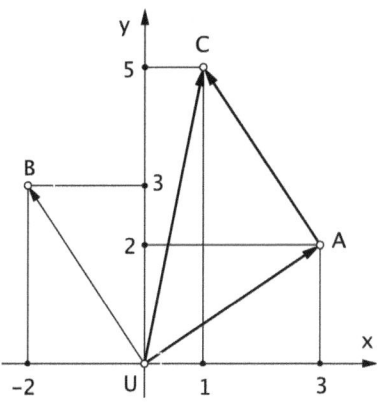

1.42 Die Vektoraddition

Die Figur veranschaulicht aber auch bereits die *Vektoraddition*, in diesem Fall $\vec{a} + \vec{b} = \vec{c}$. Geometrisch erfolgt diese Addition durch je drei Repräsentanten: An die Spitze eines den ersten Summanden $\vec{a}$ repräsentierenden Pfeiles wird ein Pfeil angesetzt, der den zweiten Summanden $\vec{b}$ repräsentiert, in obiger Figur ist das der Pfeil von A nach C. Den *Summenvektor* $\vec{c}$ repräsentiert dann der Pfeil, der vom Schaft des ersten Summanden zur Spitze des zweiten Summanden hinführt. Algebraisch erfolgt die Summenbildung durch Addieren der jeweils an der gleichen (ersten, zweiten, eventuell dritten) Stelle stehenden Zahlen, beim obigen Beispiel (3, 2) + (–2, 3) = (1, 5).

21

Hinsichtlich der Durchführung von Rechenoperationen erweist sich die auf dieser Seite verwendete Spaltenschreibweise eines Vektors gegenüber der bisher gebrauchten Zeilenschreibweise als günstiger. In dieser Schreibweise lautet die Formel für die Addition von dreidimensionalen Vektoren wie folgt:

$$\vec{a} + \vec{b} = \begin{pmatrix} a_x \\ a_y \\ a_z \end{pmatrix} + \begin{pmatrix} b_x \\ b_y \\ b_z \end{pmatrix} = \begin{pmatrix} a_x + b_x \\ a_y + b_y \\ a_z + b_z \end{pmatrix}$$

Die durchwegs der Menge R angehörigen Zahlen a_x, a_y, a_z, b_x, b_y und b_z werden als *Koordinaten* des zugehörigen Vektors bezeichnet und sind ortsunabhängig. Für jeden Repräsentanten ergibt die Differenz aus den (ortsabhängigen) Koordinaten von dessen Zielpunkt und dessen Angriffspunkt die Vektorkoordinaten (Regel: „Spitze minus Schaft"), wie die vorseitige Figur anhand des von A nach C führenden Pfeiles belegt. Das folgt unmittelbar aus der Vektoraddition anhand der Pfeile von A nach U und von U nach C.

1.43 Länge (Betrag) eines Vektors und S-Multiplikation

Der *Betrag* $|\vec{v}|$ eines Vektors $\vec{v}$ ist definiert als die Länge jedes seiner Repräsentanten, sodass nach dem Pythagoräischen Lehrsatz etwa für dreidimensionale Vektoren gilt:

$$\vec{v} = \begin{pmatrix} v_x \\ v_y \\ v_z \end{pmatrix} \implies |\vec{v}| = \sqrt{v_x^2 + v_y^2 + v_z^2}$$

Die besondere Struktur verdanken Vektorräume nun der folgenden (äußeren) Verknüpfung der Vektoren mit reellen Zahlen $s \in R$, die *Skalare* genannt werden, nach der folgenden Regel:

$$\vec{v} = \begin{pmatrix} v_x \\ v_y \\ v_z \end{pmatrix} \implies s \cdot \vec{v} = s \cdot \begin{pmatrix} v_x \\ v_y \\ v_z \end{pmatrix} = \begin{pmatrix} s \cdot v_x \\ s \cdot v_y \\ s \cdot v_z \end{pmatrix}$$

22

Unmittelbare Folgen dieser *S-Multiplikation*: Für $s = 0$ wird jeder Vektor $\vec{v}$ zum *Nullvektor* $\vec{o} = (0, 0, 0)$ und für $s = -1$ zum *Gegenvektor* $-\vec{v} = (-v_x, -v_y, -v_z)$, der in der Länge mit $\vec{v}$ übereinstimmt, aber in die Gegenrichtung weist, sodass $\vec{v} + (-\vec{v}) = \vec{o}$ den Nullvektor ergibt, und dass sich drittens die S-Multiplikation auf die Länge eines Vektors auswirkt nach der Regel $|s \cdot \vec{v}| = |s| \cdot |\vec{v}|$.

1.44 Zusammenfassung

Eine Menge $V = \{\vec{v_1}, \vec{v_2}, \vec{v_3}, \ldots\}$ besitzt die Struktur eines *Vektorraumes*, wenn folgende Eigenschaften erfüllt sind:

1. V besitzt hinsichtlich einer Verknüpfung +, der Vektoraddition, die Struktur einer Gruppe mit dem Nullvektor als neutralem Element und den Paaren von Gegenvektoren als inversen Elementen. Die Gültigkeit des Assoziativ- und des Kommutativgesetzes lässt sich einerseits, zumindest für zweidimensionale Vektorräume, durch entsprechende Zeichnungen leicht nachweisen, andererseits folgt sie aus der Gültigkeit dieser Gesetze in der Menge $\mathbf{R}$.

2. Zwischen den Elementen von V und den reellen Zahlen (Menge $\mathbf{R}$) besteht eine äußere Verknüpfung, die S-Multiplikation, deren Ergebnis wieder ein Element der Menge V ist: Für alle $s \in \mathbf{R}$ und $\vec{v_1} \in V$ gilt $s \cdot \vec{v_1} \in V$.

3. Die S-Multiplikation gehorcht folgenden Bedingungen ($a \in \mathbf{R}$, $b \in \mathbf{R}$, $\vec{v_1} \in V$):

a) $a \cdot (\vec{v_1} + \vec{v_2}) = a \cdot \vec{v_1} + a \cdot \vec{v_2}$ **c)** $a \cdot (b\vec{v_1}) = (ab) \cdot \vec{v_1}$
b) $(a + b) \cdot \vec{v_1} = = a \cdot \vec{v_1} + b \cdot \vec{v_1}$ **d)** $1 \cdot \vec{v_1} = \vec{v_1}$

1.45 Linear unabhängige Vektoren als Basis von Vektorräumen

Jeder Ausdruck $s_1 \cdot \vec{v_1} + s_2 \cdot \vec{v_2} + \cdots s_n \cdot \vec{v_n}$ mit $s_i \in \mathbf{R}$ und $\vec{v_1} \in V$ stellt einen Vektor dar und wird eine *Linearkombination* der Vektoren $\vec{v_1}, \vec{v_2}, \ldots, \vec{v_n}$ genannt. Die Darstellung des Nullvektors als $0 \cdot \vec{v_1} + 0 \cdot \vec{v_2} + \cdots 0 \cdot \vec{v_n}$ wird als die *triviale Darstellung* des Nullvektors bezeichnet. Die Vektoren $\vec{v_1}, \vec{v_2}, \ldots, \vec{v_n}$ sind linear unabhängig, wenn der Nullvektor durch sie nur trivial darstellbar ist, andernfalls sind sie linear abhängig. Im Falle *linearer Abhängigkeit* von n Vektoren kann mindestens einer von ihnen als Linearkombination der anderen n – 1 Vektoren dargestellt werden.

Ein Vektorraum V hat die Dimension n, wenn es in ihm n linear unabhängige Vektoren gibt, während n + 1 Vektoren immer linear abhängig sind. Sind in einem n-dimensionalen Vektorraum n Vektoren linear unabhängig, so bilden sie eine *Basis des Vektorraumes* in dem Sinn, dass sie den Vektorraum erzeugen oder „aufspannen", was bedeutet, dass jeder Vektor aus V als Linearkombination der n Basisvektoren darstellbar ist.

Geometrisch sind diese allgemeinen Aussagen nur bis zur Dimension n = 3 von Belang und können in unserem dreidimensionalen Erfahrungsraum wie folgt näher beleuchtet werden: In einem dort installierten Koordinatensystem Uxyz bilden die drei von U ausgehenden, auf den drei Achsen liegenden und jeweils bis zum „Einheitspunkt" mit der Koordinate 1 hinführenden Pfeile die Repräsentanten einer Basis von linear unabhängigen Einheitsvektoren $\vec{e_x} = (1, 0, 0)$, $\vec{e_y} = (0, 1, 0)$ und $\vec{e_z} = (0, 0, 1)$, als deren Linearkombination jeder dreidimensionale Vektor wie folgt dargestellt werden kann:

$$\vec{v} = (v_x, v_y, v_z) = v_x \cdot \vec{e_x} + v_y \cdot \vec{e_y} + v_z \cdot \vec{e_z}$$

Die drei Summanden werden als *Komponenten* des Vektors $\vec{v}$ bezeichnet. Grundsätzlich lässt sich diese Vorgangsweise auf drei beliebige Basisvektoren anwenden, sofern diese nicht zu einer Ebene parallel (und damit linear abhängig) sind.

Je zwei Pfeile, welche im dreidimensionalen Vektorraum V_3 eine Ebene aufspannen, können als Repräsentanten einer Basis für einen zweidimensionalen Vektorraum V_2 dienen, der im V_3 eingebettet ist. Und schließlich kann bereits ein Pfeil die Basis eines im V_3 eingebetteten Vektorraumes V_1 repräsentieren.

24

Abschnitt 2:

Terme, Funktionen und Gleichungen

In diesem Abschnitt ist das Wissen zusammengefasst, welches generell für das verständnisvolle Auflösen von Gleichungen und Gleichungssystemen erforderlich ist. Es erscheint mir sinnvoller, vor dem Einstieg in den eher praxisorientierten Teil dieses Lehrganges die allgemeinen Begriffe zu erläutern und die zur Anwendung kommenden Methoden darzustellen, als sie erst an den Stellen einzufügen, wo sie dann konkret gebraucht werden.

2.1 Terme, insbesondere Polynome

Unter einem *Term* T versteht man einen mathematischen Ausdruck, der aus Zahlen, aus *Variablen*, symbolisch i. A. durch Kleinbuchstaben dargestellt, sowie aus Rechenzeichen (einschließlich Klammern) und aus Funktionskennungen besteht; gegebenenfalls gilt aber eine Zahl oder eine Variable allein schon als Term.

2.11 Algebraische und transzendente Terme

Terme werden nach der Anzahl der darin vorkommenden Variablen sowie danach gegliedert und benannt, ob in ihnen die Variablen nur algebraischen Rechenoperationen (Addition/Subtraktion, Multiplikation/Division, potenzieren und radizieren) unterworfen werden oder ob mit diesen nicht das Auslangen gefunden wird. Erstere werden als *algebraische Terme* in einer oder mehreren Variablen bezeichnet, letztere nach einem Vorschlag von Leonhard EULER (1707 – 1783) als *transzendente Terme*, was andeuten soll, dass diese über eine rein algebraische Behandlung hinausführen.

Bei den algebraischen Termen kann zwischen *ganzrationalen Termen*, *Bruchtermen* und *Wurzeltermen* unterschieden werden, je nachdem die Exponenten nur aus der Zahlenmenge N_0 stammen oder dafür auch

25

negative ganze Zahlen oder Bruchzahlen in Frage kommen. Im Bereich der ganzrationalen Terme kann nach der Größe der höchsten darin vorkommenden Potenz zwischen solchen *ersten Grades (= lineare Terme), zweiten Grades (= quadratische Terme), dritten Grades* usw. unterschieden werden. (Zahlen können als *Terme nullten Grades* gelten.) Bei den transzendenten Termen treten Variable (auch) als Argumente von Exponential-, Logarithmus- und anderen transzendenten Funktionen auf, wie sie in UA 2.23 vorgestellt werden.

Terme T(x) in einer Variablen sind z. B. $x^2 + 7$ (ganzrationaler quadratischer Term), $\frac{3}{x+1}$ (Bruchterm), $\sqrt{x^2 - 5}$ (Wurzelterm), 5^{x-3} (Exponentialterm) sowie der goniometrische Term $\sin(3x - \pi)$. Terme T(x, y) in zwei Variablen sind z. B. $2x^3 + 5y^2$ (ganzrationaler Term dritten Grades) und der logarithmische Term $^b\log(2x) - {}^b\log(y)$.

2.12 Polynome in einer Variablen

Jeder ganzrationale Term in einer Variablen kann durch algebraische Umformungen (Addition und Multiplikation, Distributivgesetz) in die folgende Gestalt P(x) gebracht werden:

$$P(x) = a_n x^n + a_{n-1} x^{n-1} + ... + a_2 x^2 + a_1 x + a_0$$

Ist x^n mit $n \in \mathbf{N_0}$ die höchste darin enthaltene Potenz, dann wird ein Term dieser Gestalt als *Polynom n-ten Grades* und die Zahlen $a_n \neq 0$, a_{n-1}, ..., a_2, a_1 und a_0 werden als *Koeffizienten* des Polynoms bezeichnet, insbesondere a_0 als *Absolutglied*. Im Weiteren sollen aber generell alle in einem Term vorkommenden Zahlen so benannt werden, und, wenn nicht ausdrücklich davon abgegangen wird, als *Koeffizientenmenge* K stets die Menge **R** gelten.

2.13 Polynomringe und Faktorzerlegung

Analog zu den ganzen Zahlen bilden auch alle Polynome in einer Variablen einen Ring, der *Polynomring* genannt wird. Addition und Multiplikation von Polynomen ergeben wieder ein Polynom und es gelten alle ringüblichen Rechengesetze. Die Multiplikation von Polynomen

26

der Grade n_1 und n_2 ergibt ein Polynom vom Grad $n = n_1 + n_2$. Das Nullelement ist die Zahl 0 und (in Folge) unterscheiden sich entgegengesetzte Polynome nur durch die Vorzeichen der Summanden.

Die Teilbarkeit ist (mangels durchgängig möglicher Division) ein markantes Kennzeichen jedes Ringes. Alle Zahlen und alle linearen Terme $ax + b$ sind Primelemente eines jeden Polynomringes, abgesehen davon, dass man sie noch durch Herausheben von Zahlen zerlegen könnte, z. B. $ax + b = a \cdot (x + \frac{b}{a})$. Bei den quadratischen Termen gibt es solche und solche. Die wohl bekanntesten Beispiele sind die Quadratdifferenzen $(ax)^2 - b^2 = (ax + b) \cdot (ax - b)$ und die Quadratsummen $(ax)^2 + b^2$, die, wiederum abgesehen vom Herausheben von Zahlen, unteilbar, also Primelemente von Polynomringen sind.

Analog zum Divisionsalgorithmus für Zahlen gibt es einen solchen auch für Polynome, und dieser gibt darüber Aufschluss, ob ein Polynom $P_1(x)$ durch ein Polynom $P_2(x)$ teilbar ist oder nicht. Ersteres ist, wie bei Zahlen, genau dann gegeben, wenn sich die Division „ausgeht", und in diesem Fall sind $P_2(x)$ und auch der Quotient $Q(x)$ Teiler von $P_1(x)$. Der Rechenvorgang kann anhand der folgenden Beispiele nachvollzogen werden, wobei zu Beginn das 1. Glied des Quotienten zu bestimmen ist, dessen Produkt mit dem 1. Glied des Divisors das erste Glied des Dividenden ergibt. Mit diesem Glied werden dann auch die anderen Glieder des Divisors multipliziert und die Ergebnisse nach Potenzen geordnet unter den Dividenden geschrieben. Sodann erfolgt eine Subtraktion (wie bei der Zahlendivision) und das Hinzufügen weiterer Glieder des Dividenden zu dieser Differenz. Anhand dieses neuen Polynoms wird das Verfahren wiederholt, also zuerst das zweite Glied des Quotienten ermittelt usw.

Beispiele:

1. $(2x^3 + x^2 - 6x - 3) : (x^2 - 3) = 2x + 1$ Probe: $(x^2 - 3) \cdot (2x + 1) = 2x^3 + x^2 - 6x - 3$. Dieses Beispiel zeigt vor allem das „richtige" Untereinanderschreiben auf.

$$
\begin{array}{r}
2x^3 \qquad - 6x \\
\hline
0 \quad x^2 \quad 0 \quad - 3 \\
x^2 \qquad - 3 \\
\hline
0 \qquad 0
\end{array}
$$

27

2. $(2x^4 - 5x^3 - 4x^2 + 17x - 10) : (x^2 - 3x + 2) = 2x^2 + x - 5$
$\underline{2x^4 - 6x^3 + 4x^2}$
$\quad 0 + x^3 - 8x^2 + 17x$
$\qquad \underline{x^3 - 3x^2 + 2x}$
$\qquad 0 - 5x^2 + 15x - 10$
$\qquad \underline{- 5x^2 + 15x - 10}$
$\qquad \quad 0 \qquad 0 \qquad 0$

Zweigliedrige Polynome werden als *Binome* und dreigliedrige als *Trinome* bezeichnet. In Beispiel 1 wurde ein Polynom dritten Grades in ein Produkt aus einem quadratischen und einem linearen Binom zerlegt, in Beispiel 2 ein Polynom vierten Grades in ein Produkt von zwei quadratischen Trinomen. Jedes Polynom lässt sich (im Koeffizientenbereich K = **R**) in lineare und quadratische Faktoren zerlegen, worauf der Fundamentalsatz der Algebra (Abschnitt 3.2) basiert.

2.2 Funktionen und Funktionsgleichungen

Auch der als *Funktion* oder (vor allem bei Punktmengen) als *Abbildung* bezeichnete mathematische Zusammenhang hat durch die „Mengenlehre" eine Verallgemeinerung und Präzisierung erfahren, indem damit jede eindeutige Zuordnung von Elementen einer Menge A auf Elemente einer Menge B zu verstehen ist, was symbolisch durch f: A $\rightarrow$ B zum Ausdruck gebracht wird. Den großen Geltungsumfang dieses Funktionsbegriffs belegt z. B. die in UA 1.31 (Seite 18) genannte Menge T_2 der Translationen als A und die in UA 1.41 (Seite 21) genannte Vektormenge V_2 als B oder auch umgekehrt.

2.21 Empirische und termdefinierte Funktionen

Eine *empirische Funktion* beschreibt real ablaufende Phänomene aufgrund von Beobachtung, Messung und/oder experimenteller Analyse. Als Beispiel mag die Aufzeichnung der Raumtemperatur (Menge B) zu einem bestimmten Zeitpunkt (Menge A) dienen. Diese erfolgt in der Regel in Form einer *Wertetabelle*.

Bei *termdefinierten Funktionen* wird die Zuordnung hingegen durch mathematische Terme vermittelt. Für die Abbildung ebener Punktmengen aufeinander bedarf es dazu zweier *Abbildungsgleichungen*, während mit nur einem Term das Auslangen zu finden ist, wenn es sich bei der Menge A um eine Zahlenmenge bzw. eine Menge von Zahlenpaaren usw. handelt, die auf eine Zahlenmenge B abgebildet wird. Symbolisch wird ein Funktionszusammenhang heutzutage gerne mit f: $x \rightarrow T(x)$ bzw. f: $(x, y) \rightarrow T(x, y)$ usw. dargestellt, während ich die guten alten *Funktionsgleichungen* $y = T(x)$ bzw. $z = T(x, y)$ usw. vorziehe. Werden in den Term konkrete Zahlen, Zahlenpaare usw. aus der Menge A eingesetzt, so nimmt dieser den zugeordneten Zahlenwert aus der Menge B an.

Im Weiteren beschränke ich mich in diesem Abschnitt auf den einfachsten Fall, nämlich die Abbildung von Zahlenmengen f: $A \rightarrow B$ nach einer Zuordnungsvorschrift $y = T(x)$.

2.22 Surjektive, injektive und bijektive Funktionen

Eine Funktion mit der Gleichung $y = T(x)$ ist also eine eindeutige Zuordnung aller Zahlen einer *Definitionsmenge* $A = \{x_1, x_2, ...\}$ auf Zahlen einer *Wertemenge* $B = \{y_1, y_2, ...\}$. Die Elemente der Menge A werden *Argumente* oder *Stellen* genannt und die Elemente der Menge B als *Funktionswerte* bezeichnet. Jede zu einem Funktionswert $y = 0$ gehörige Stelle ist eine *Nullstelle* der Funktion. Eindeutige Zuordnung heißt, dass jedem Wert $x_i \in A$ genau ein Funktionswert zugeordnet ist. Es müssen aber nicht alle Werte der Menge B Funktionswerte sein. Ist das aber der Fall, dann ist die Funktion *surjektiv*. Weiters kann ein und derselbe Wert $y_i \in B$ auch mehrmals als Funktionswert auftreten. Ist das nicht der Fall, dann heißt die Funktion *injektiv*. Ist eine Funktion sowohl surjektiv als auch injektiv, dann ist sie *bijektiv* oder *umkehrbar eindeutig*. In diesem Fall gibt es nämlich eine *Umkehrfunktion* (oder *inverse Funktion*) f^{-1}, welche die Menge B (als Definitionsmenge) auf die Menge A (als Wertemenge) abbildet.

Einander zugeordnete Zahlen x_i und y_i legen in einem Koordinatensystem Uxy Punkte fest, die zusammen den *Funktionsgraphen* bilden, der für $A = \mathbf{R}$ oder $A = \{x \in \mathbf{R} / a < x < b\}$ als gerade Linie oder *Funktionskurve* ausgebildet ist. (Das Stellenintervall kann aber auch nach links oder nach rechts offen sein.) Für die Paare von

Umkehrfunktionen gilt, dass deren Graphen zur *ersten Mediane*, das ist die von links unten nach rechts oben verlaufende Winkelsymmetrale zwischen x-Achse und y-Achse, spiegelbildlich sind.

Beispiel: Die Funktion f mit der Gleichung $y = \frac{x^2}{2}$ bildet jede reelle Zahl auf eine reelle Zahl ab. Mit Hilfe der Funktionsgleichung ergibt sich für ganzzahlige x-Werte zwischen -4 und 4 folgende Wertetabelle:

x	-4	-3	-2	-1	0	1	2	3	4
y	8	4,5	2	0,5	0	0,5	2	4,5	8

Schon an der Tabelle ist zu erkennen: Surjektiv ist f nur, wenn die Wertemenge auf die nichtnegativen reellen Zahlen eingeschränkt wird, weil negative Zahlen als Werte nicht auftreten. Und injektiv ist f nur, wenn auch die Definitionsmenge auf die nichtnegativen reellen Zahlen eingeschränkt wird, weil über $\mathbf{R}$ je zwei entgegengesetzte Zahlen x_i und $-x_i$ denselben Funktionswert y_i aufweisen.

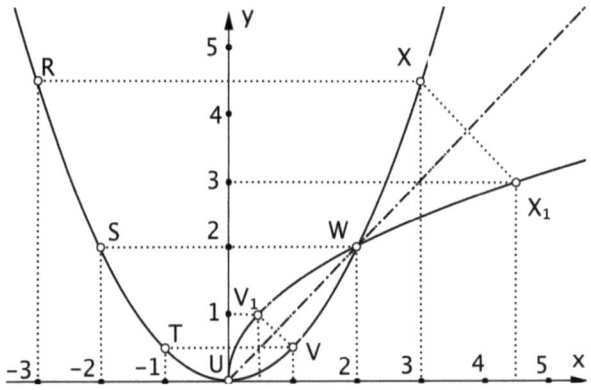

In der obigen Figur sind R(−3|4,5), S(−2|2), T(−1|0,5) sowie U(0|0), V(1|0,5), W(2|2) und X(3|4,5) Punkte der Funktionskurve von f für die Abbildung $\mathbf{R} \to \mathbf{R}$. Diese Kurve ist eine Parabel, wie sie auch als Kegelschnittlinie auftritt, mit dem Punkt U als Scheitel und der y-Achse als Parabelachse. Für die um die negativen reellen Zahlen verminderte Menge R* = {r ∈ $\mathbf{R}$ / r ≥ 0} als Definitionsmenge (und

30

Wertemenge) ist die zugehörige Funktionskurve nur die rechte Hälfte der Parabel; ihre Spiegelung an der ersten Mediane ergibt die Funktionskurve der zu f inversen Funktion f^{-1}: $R^* \to R^*$; auf ihr liegen die Punkte U, $V_1(0,5|1)$, W und $X_1(4,5|3)$. Die zugehörige Funktionsgleichung $y = \sqrt{2x}$ wird auf Seite 41 abgeleitet.

2.23 Algebraische und transzendente Funktionen

Algebraische Terme (ganzrationale und rational gebrochene Terme sowie Wurzelterme) erzeugen *algebraische Funktionen*, transzendente Terme *transzendente Funktionen*.

Die durch eine Funktionsgleichung $y = P(x)$ vom Grad n festgelegten *Polynomfunktionen*, für welche generell f: $R \to R$ gilt, dominieren die Schulmathematik. Für n = 1 sind die zugehörigen Funktionsgraphen gerade Linien und daher gilt $y = kx + d$ auch als *Geradengleichung*; für n = 2 sind es *Parabeln* (siehe letztes Beispiel und ab Seite 75). Für $n \geq 3$ besitzen die Funktionskurven maximal n − 1 *Hoch-* bzw. *Tiefpunkte* (= Scheitel) und n − 2 *Wendepunkte* an den Nullstellen ihrer ersten bzw. zweiten Ableitungsfunktion, deren Funktionsterme ebenfalls Polynome sind.

Bei den Funktionskurven der *rational gebrochenen Funktionen* treten an deren *Polstellen*, das sind jene Stellen, an denen der Bruchterm (wegen einer 0 im Nenner) nicht definiert ist, *Asymptoten* auf, die zur y-Achse parallel sind. Asymptoten sind Gerade, an welche sich eine Kurve, insbesondere für gegen $\pm \infty$ gehende x- oder y-Werte, immer mehr annähert. Als Musterbeispiel kann die Funktion mit der Gleichung $y = \frac{1}{x}$ gelten, für welche f: $(R \setminus \{0\}) \to (R \setminus \{0\})$ gilt. Ihre Funktionskurve ist eine *gleichseitige Hyperbel,* deren Asymptoten mit den Koordinatenachsen übereinstimmen. Die Funktion ist zu sich selbst invers, was auch die Symmetrie der Funktionskurve bezüglich der 1. Mediane bestätigt.

Zu den *Wurzelfunktionen* gehört die bereits auf der Vorseite behandelte Funktion mit der Gleichung $y = \sqrt{2x}$. Weitere markante Beispiele dazu enthält UA 5.14 (Seite 77 unten).

Zu den transzendenten Funktionen gehören vorrangig die paarweise zueinander inversen *Exponential-* und *Logarithmusfunktionen* sowie die *Winkelfunktionen*. Die zu diesen inversen *Arcusfunktionen* werden im Schulunterricht üblicherweise nicht behandelt, wiewohl ich zumindest <u>ein</u> Beispiel dazu vor allem wegen der „schönen" Funktionskurve vorstellen möchte.

Alle Exponentialfunktionen mit der Gleichung $y = b^x$ (mit b > 0) bilden die Menge **R** auf die Menge $R^+ = \{r \in \mathbf{R} \,/\, r > 0\}$ injektiv ab, alle Funktionskurven haben die x-Achse zur Asymptote und laufen durch den Punkt $E_y(0\,|\,1)$. Für b > 1 steigt die Kurve von links unten nach rechts oben an, und zwar mit zunehmendem x – und je größer die *Basis* b ist – immer schneller („exponentiell"); für 0 < b < 1 ist es genau umgekehrt. Große Ausnahme: Für b = 1 kommt y = 1, die Gleichung einer *konstanten Funktion*. Der Graph jeder konstanten Funktion (y = d) ist eine zur x-Achse parallele Gerade.

Der *Logarithmus* zur Basis b ist jener Exponent y, für den $b^y = x$ gilt, wobei x als *Numerus* bezeichnet wird: $y = {}^b\!\log(x)$. Jede solche Funktionsgleichung vermittelt eine Abbildung f: $R^+ \to \mathbf{R}$ und es gilt ${}^b\!\log(1)$ = 0 und ${}^b\!\log(b) = 1$ für jede positive Zahl b. Alle Funktionskurven durchlaufen somit den Punkt $E_x(1|0)$ und sind auch sonst hinsichtlich der 1. Mediane spiegelbildlich zu den Kurven der Exponentialfunktionen; insbesondere haben alle die y-Achse zur Asymptote. Für b > 1 steigen sie mit zunehmendem x immer langsamer („logarithmisch") an. Für die Basis b = e (Eulersche Zahl) spricht man vom *natürlichen Logarithmus*, symbolisch als ln(x) bezeichnet, und für b = 10 vom *dekadischen Logarithmus* lg(x).

Die Winkelfunktionen sind *periodische Funktionen*, was bedeutet, dass sich ihre Funktionswerte in regelmäßigen Abständen wiederholen, und bilden die Menge **R**, allenfalls mit Ausnahme von Polstellen, auf Teilmengen von **R** ab. Wie es zur Zuordnung zwischen den Stellen x (= Winkelwerte im Bogenmaß, das Gradmaß ist dafür ungeeignet) und den Funktionswerten y kommt wird als bekannt vorausgesetzt.

Alle zu einer Funktion mit der Gleichung $y = a{\cdot}\sin(bx + c)$ gehörigen Funktionskurven werden *Sinuslinien* genannt und beschreiben *harmonische Schwingungen*. Dabei gibt a die *Amplitude*, das ist die y-

Koordinate der Hoch- und Tiefpunkte, an; die Funktionswerte befinden sich daher im Bereich $-a \leq y \leq a$. Die *Kreisfrequenz* b bestimmt die (kürzeste) *Periode,* das ist die Länge l <u>einer</u> Schwingung, nach der Formel $b \cdot l = 2\pi$, das heißt, b und l sind verkehrt proportional. Für $c \neq 0$ erfolgt eine *Phasenverschiebung* v gegenüber der Schwingung $y = a \cdot \sin(bx)$, deren Kurve durch $U(0|0)$ geht, und zwar nach der Formel $v = -\frac{c}{b}$, für $v < 0$ nach links und für $v > 0$ nach rechts. Wegen $y = \cos(x) = \sin(x + \frac{\pi}{2})$ ist die Funktionskurve, welche zu den Cosinus-Werten gehört, zu jener der einfachsten Sinusschwingung kongruent, aber um $\frac{\pi}{2}$ nach links phasenverschoben.

Die *Tangensfunktion* mit der Gleichung $y = \tan(x)$ besitzt Nullstellen für alle $x = k.\pi$ ($k \in \mathbf{Z}$) und Polstellen für alle $x = \frac{2k-1}{2} \cdot \pi$ ($k \in \mathbf{Z}$). Ihre Funktionskurve besteht aus unendlich vielen Teilkurven, die an jeder Nullstelle einen Wendepunkt $W_k(k \cdot \pi \mid 0)$ mit einer zur 1. Mediane parallelen Tangente und an jeder Polstelle eine zur y-Achse parallele Asymptote besitzen. Spiegelt man das zwischen $x = -\frac{\pi}{2}$ und $x = \frac{\pi}{2}$ liegende Kurvenstück an der 1. Mediane, so entsteht eine von links unten nach rechts oben beständig ansteigende Kurve, welche die durch $y = -\frac{\pi}{2}$ und $y = \frac{\pi}{2}$ gehenden Parallelen zur x-Achse als Asymptoten besitzt und in $W(0|0)$ einen Wendepunkt hat, wo sie auch ihre größte Steigung $k = 1$ erreicht, weshalb die Wendetangente mit der ersten Mediane zusammenfällt.

Dies ist die Funktionskurve der zur Tangensfunktion inversen Arcusfunktion, welche jedem Tangenswert $x \in \mathbf{R}$ die zugehörige Bogenlänge im Wertebereich $-\frac{\pi}{2} < y < \frac{\pi}{2}$ zuordnet. Die Funktionsgleichung wird als $y = \arctan(x)$ oder als $y = \tan^{-1}(x)$ geschrieben, welches Symbol auch auf Taschenrechnern zu finden ist, die über keine INF-Taste (= Taste für Umkehrfunktionen) verfügen.

Den gleichen Zweck erfüllen auf den Rechnern die $\sin^{-1}$-Taste und die $\cos^{-1}$-Taste, nämlich um vom Sinus- oder vom Cosinuswert eines Winkels zum Bogenmaß dieses Winkels im Wertebereich zwischen $-\frac{\pi}{2}$ und $\frac{\pi}{2}$ bzw. zwischen 0 und π zu gelangen.

2.3 Bestimmungsgleichungen und deren Lösungsmengen

Zwei durch ein Gleichheitszeichen miteinander verbundene Terme T_1 und T_2 ergeben eine *Gleichung* $T_1 = T_2$. Welcher Art diese Gleichung ist wird einerseits durch die daran beteiligten Terme gekennzeichnet (*ganzrationale* sowie *Bruch-* und *Wurzelgleichungen, transzendente Gleichungen*) und andererseits durch den Anwendungsbereich. So kann das Gleichheitszeichen die Allgemeingültigkeit eines mathematischen Zusammenhanges zum Ausdruck bringen, wie das etwa bei den in UA 1.31 auf Seite 16 genannten Rechengesetzen und daraus ableitbaren *algebraischen Formeln* der Fall ist. Oder es kann sich um Funktionsgleichungen handeln, welche die eindeutige Zuordnung zwischen den Elementen einer Definitionsmenge A und den Zahlen einer Wertemenge B festlegen. Zu dieser Kategorie gehören übrigens auch viele *geometrische Formeln*, wie etwa $A = r^2 \cdot \pi$ oder $V = a \cdot b \cdot c$.

2.31 Lösung(en) einer Gleichung

Bei *Bestimmungsgleichungen* fordert das Gleichheitszeichen hingegen dazu auf, deren *Lösungen* zu ermitteln. Das sind jene Zahlen, Zahlenpaare usw., welche aus der Gleichung eine *wahre Aussage* machen. Bei Bestimmungsgleichungen werden die Variablen auch als *Unbekannte* bezeichnet und (immer) durch Buchstaben dargestellt, die sich am Ende des Alphabets befinden.

Gleichwohl ist eine scharfe Trennung zwischen Formeln, Funktionsgleichungen und Bestimmungsgleichungen nicht gegeben, sondern es kann dabei auch zu Überscheidungen kommen.

Beispiele:

1. $(x + 5)^2 = x^2 + 10x + 25$ gehorcht der Formel $(a + b)^2 = a^2 + 2ab + b^2$, die sich aus dem Distributivgesetz ergibt, und liefert daher für jede konkrete Zahl eine wahre Aussage, z. B. $25 = 25$ für $x = 0$ und $36 = 36$ für $x = 1$. Dieser Sachverhalt tritt allerdings auch bei der Behandlung der Formel als Bestimmungsgleichung zutage.

34

2. Die Funktionsgleichung y = 2x − 6, welche jeder Stelle x_i einen Funktionswert y_i zuordnet, also z. B. für $x_i = 1$ den Wert $y_i = -4$, kann auch als Bestimmungsgleichung in zwei Variablen angesehen werden und hat als solche u. a. die Zahlenpaare (1, −4) und (3, 0) als Lösungen. Der zur Gleichung y = 2x − 6 gehörige Funktionsgraph ist die Verbindungsgerade g der Punkte P(1|−4) und Q(3|0), und jedem weiteren Punkt von g entspricht eine Lösung der Gleichung.

2.32 Grund-, Definitions- und Lösungsmenge

Jeder Bestimmungsgleichung ist (explizit oder durch generelle Übereinkunft) eine *Grundmenge* G zugeordnet, welche von allen Zahlen, geordneten Zahlenpaaren usw. gebildet wird, die als Lösungen in Frage kommen sollen. Bei Gleichungen mit zwei oder mehr Unbekannten handelt es sich bei der Grundmenge daher um eine Produktmenge G = A × B usw.

Im Anwendungsbereich gelten als Grundmengen in der Regel die Menge **R** der reellen Zahlen bzw. G = **R** × **R** usw. für Gleichungen in zwei oder mehr Variablen. In der reinen Mathematik verlangt die Theorie aber danach, als Lösungen auch imaginäre Zahlen a + bi mit $a \in \mathbf{R}$ und $b \in \mathbf{R}\backslash\{0\}$ in Betracht zu ziehen und somit **R** durch die Menge **C** der komplexen Zahlen zu ersetzen.

Bei Gleichungen, für die als Lösungen nur ganze Zahlen in Frage kommen, ist die Grundmenge auf G = **Z** bzw. G = **Z** × **Z** usw. einzugrenzen. Solche Gleichungen werden als *Diophantische Gleichungen* bezeichnet und erfahren in Abschnitt 7.2 eine spezielle Behandlung. (DIOPHANTOS war ein griechischer Mathematiker um 250 n. Chr. und gilt als der bedeutendste Algebraiker der Antike.)

Aus einer Grundmenge G sind gegebenenfalls Zahlen auszuschließen, für welche die Gleichung $T_1 = T_2$ gar keine Aussage ergibt, also z. B. Zahlen, die beim Einsetzen in $T_1 = T_2$ dort in einem Nenner die Zahl 0 ergäben oder Zahlen, für welche der Radikand unter einer Quadratwurzel negativ würde. Die um solche Zahlen, Zahlenpaare usw. bereinigte Grundmenge wird als *Definitionsmenge* $D \subseteq G$ der Gleichung bezeichnet.

Alle Lösungen einer Bestimmungsgleichung werden in deren *Lösungsmenge* $L \subseteq D \subseteq G$ zusammengefasst. Ist G eine endliche Menge, so lassen sich (zumindest theoretisch) alle Lösungen „durch Probieren" herausfinden. Werden die Lösungen hingegen durch erlaubte Umformungen der Gleichung berechnet, so ist bei jeder von ihnen stets eine „Probe" (= Einsetzen des Ergebnisses in die Ausgangsgleichung!) angebracht, ob sie nun tatsächlich zu einer wahren Aussage führen. Damit lassen sich insbesondere alle Ergebnisse verwerfen, die sich nicht in der Definitionsmenge befinden, sodass auf deren Erstellung in der Regel verzichtet werden kann.

Lösungsmengen können aus einzelnen oder auch aus unendlich vielen Zahlen, Zahlenpaaren usw. bestehen. Ist die Gleichung für alle Elemente der Grund- bzw. Definitionsmenge erfüllt, dann gilt $L = D \subseteq G$. Im anderen Extremfall, wenn es keine einzige (in $D \subseteq G$) vorhandene Lösung gibt, ist die Lösungsmenge die leere Menge: $L = \{\ \}$.

Beispiele:

1. Die Zahlen 2 und –2 machen aus der ganzrationalen Gleichung $x^2 = 4$ eine wahre Aussage (4 = 4). Für $G = \mathbf{R}$ gilt daher $L = \{2, -2\}$, ebenso für $G = \mathbf{Q}$ und $G = \mathbf{Z}$, aber für $G = \mathbf{N}$ gilt nur $L = \{2\}$. Für die Gleichung $x^2 = 2$ gibt es für $G = \mathbf{R}$ ebenfalls zwei Lösungen, und zwar $\pm\sqrt{2}$, für $G = \mathbf{Q}$ und alle Teilmengen von $\mathbf{Q}$ aber ist $L = \{\ \}$.

2. Die Gleichung $x = x + a$ ist für $a = 0$ allgemeingültig, daher $L = G = \mathbf{R}$, für $a \neq 0$ hat sie hingegen keine Lösung $\Rightarrow L = \{\ \}$.

3. Bei der Bruchgleichung $\frac{1}{x-3} = \frac{2}{x-5}$ sind die Zahlen 3 und 5 von der Grundmenge $G = \mathbf{R}$ „abzuziehen", weil für diese zwei Zahlen die Gleichung keinen Sinn macht, symbolisch $D = \mathbf{R} \setminus \{3, 5\}$.

4. Bei der Wurzelgleichung $\sqrt{1-x} = \sqrt{x-3}$ sind sowohl alle Zahlen, die größer als 1, wie auch alle Zahlen, die kleiner als 3 sind, aus der Grundmenge auszuschließen. Zahlen, die kleiner als 1 und größer als 3 sind, die gibt es aber nicht. Damit ist $D = \{\ \}$, was auch $L = \{\ \}$ zur Folge hat.

36

5. Die Funktionsgleichung $y = \frac{x^2}{2}$ beschreibt eine Parabel (Seite 30). Als Bestimmungsgleichung besteht ihre Lösungsmenge aus Zahlenpaaren, von denen neun durch die dort erstellte Wertetabelle und als Koordinaten von neun Kurvenpunkten ausgewiesen sind, so wie auch alle anderen derartigen Zahlenpaare Lösungen der Gleichung darstellen. Die vollständige Lösungsmenge kann mithin nur beschrieben werden, z. B. in der Form $L = \{(x_i, y_i)/x_i \in \mathbf{R} \wedge y_i = \frac{x_i^2}{2}\}$.

2.33 Äquivalenzumformungen

Neben der „Probier-Methode" und von Näherungsverfahren (Abschnitt 4.4) ist das Umformen einer Gleichung $T_1 = T_2$ zu dem Zweck, aus der umgeformten Gleichung die Lösung(en) direkt ablesen oder nach festen Regeln ermitteln zu können, die mit Abstand wichtigste Lösungsstrategie. Führt eine Umformung zu einer neuen Gleichung $T_1^* = T_2^*$, welche dieselbe Lösungsmenge aufweist wie die ursprüngliche Gleichung, so spricht man von einer *Äquivalenzumformung*. Andere erlaubte Umformungen sind solche, bei denen die Lösungsmenge erweitert wird; durch Einsetzen der so erhaltenen Zahlen, Zahlenpaare usw. in die ursprüngliche Gleichung $T_1 = T_2$ werden in einem zweiten Schritt die Nicht-Lösungen ausgeschieden. Umformungen, bei denen Lösungen verloren gehen können, sind hingegen nicht erlaubt.

Neben den reinen *Termumformungen*, bei denen also eine Umformung von T_1 und/oder T_2 nach den Regeln der Algebra (z. B. durch das Auflösen von Klammern) erfolgt, stellt nur der Übergang von $T_1 = T_2$ nach $f(T_1) = f(T_2)$ eine Äquivalenzumformung dar, wobei die Funktion f bijektiv, also umkehrbar eindeutig sein muss. (Das wohl anschaulichste Beispiel dazu, nämlich $T_1 = T_2 \Rightarrow {}^b\log(T_1) = {}^b\log(T_2)$, wird erst auf Seite 65 in UA 4.14 näher abgehandelt.)

Die beiden gängigsten Anwendungen dieser Regel sind die Addition (bzw. Subtraktion) eines Terms T^* auf beiden Seiten der Gleichung ($T_1 = T_2 \Rightarrow T_1 + T^* = T_2 + T^*$) sowie die Multiplikation beider Seiten mit einer oder die Division durch eine Zahl $a \neq 0$. (Die Division durch Null ist nicht definiert und bei einer Multiplikation mit Null würde sich stets die wahre Aussage $0 = 0$ ergeben.)

Die Umformung $T_1 = T_2 \Rightarrow T_1 + T^* = T_2 + T^*$ kann in der Praxis dadurch realisiert werden, dass man einzelne Posten in T_1 und/oder T_2 „die Seite wechseln lässt", allerdings unter gleichzeitigem Wechsel des Rechen- bzw. Vorzeichens von + auf – oder umgekehrt.

Ein bevorzugtes Ziel von Äquivalenzumformungen besteht darin, alle Summanden auf eine, i. A. die linke, Seite zu bringen und dort zu Produkten zusammenzufassen, während rechts nur mehr die Null steht. In diesem Fall lässt sich nämlich der schon auf Seite 20 genannte Satz anwenden, dass ein Produkt nur dann 0 ergeben kann, wenn mindestens ein Faktor 0 ist. Somit „zerfällt" die Gleichung in Teilgleichungen, aus denen dann die Lösungen entweder direkt abgelesen oder nach festen Regeln ermittelt werden können.

Führt eine Äquivalenzumformung zu einer wahren Aussage, z. B. zu $0 = 0$, dann ist die Ausgangsgleichung *allgemeingültig* mit $L = D \subseteq G$; führt sie zu einer falschen Aussage, dann ist die Gleichung *unerfüllbar* mit $L = \{\ \}$.

Beispiele:

1. Aus der Gleichung $3x - 11 = 1$ folgt durch Addition von 11 auf beiden Seiten $3x = 12$ und durch Division beider Seiten durch 3 die lösungsäquivalente Gleichung $x = 4$, aus der die Lösung $x_1 = 4$ sofort abgelesen werden kann: $L = \{4\}$, Probe: $3 \cdot 4 - 11 = 1$. Gleichbedeutend mit der Addition bei Schritt 1 ist der Wechsel von -11 als $+11$ nach rechts.

Bemerkung: An dieser Stelle erlaube ich mir, auf den kleinen Unterschied zwischen der Mathematik, wie ich sie in der Schule gelernt habe, und der heutigen Mathematik hinzuweisen. Wir hätten damals die Gleichung $x = 4$ als Ergebnis doppelt unterstrichen – und fertig. Genau genommen ist das aber nur die extrem vereinfachte lösungsäquivalente Gleichung, aber immer noch eine Gleichung, und die Lösung besteht aus der Zahl 4. Es ist also zweifellos exakter, erst $L = \{4\}$ als Ergebnis doppelt zu unterstreichen. Hinsichtlich praktischer Anwendungen, etwa bei der Auflösung von Textgleichungen, ist das aber belanglos.

38

2. Aus der Gleichung $2 \cdot (x - 3)^2 + 33x + 9 = 3 \cdot (x^3 + 9)$ folgt durch Termumformungen die dazu lösungsäquivalente Gleichung $2x^2 + 21x + 27 = 3x^3 + 27$. Wechseln hier $3x^3$ als $-3x^3$ und 27 als -27 nach links, so folgt daraus die lösungsäquivalente Polynomgleichung $-3x^3 + 2x^2 + 21x = 0$ oder – durch Herausheben nach dem Distributivgesetz – $x \cdot (-3x^2 + 2x + 21) = 0$.

Damit zerfällt die Gleichung in zwei Teilgleichungen $x = 0$ mit der Lösung $x_1 = 0$, was durch die Probe $2 \cdot (0 - 3)^2 + 33 \cdot 0 + 9 = 3 \cdot (0^3 + 9)$ $\Rightarrow 2 \cdot 9 + 9 = 3 \cdot 9 \Rightarrow 27 = 27$ bestätigt wird, und $-3x^2 + 2x + 21 = 0$. Diese quadratische Gleichung liefert weitere Lösungen, die aber auch imaginär sein können und damit für $G = \mathbf{R}$ nicht in Frage kämen. (Näheres dazu enthält Abschnitt 3.1.)

3. Die Gleichung $(x + 5)^2 = x^2 + 10x + 25$ (Beispiel 1 aus UA 2.31, Seite 34) lässt sich lösungsäquivalent auf $0 = 0$ umformen; sie ist daher allgemeingültig mit $L = G$.

4. Die Gleichung $4 \cdot (x^2 - 2{,}5 \cdot x + 0{,}5) = (4x - 6) \cdot (x - 1)$ kann lösungsäquivalent auf die Falschaussage $0 = 4$ umgeformt werden; daher gilt für sie $L = \{ \ \}$.

2.34 Weitere erlaubte Umformungen und Substitutionen

Die Multiplikation beider Seiten einer Gleichung mit einem Term T*, welcher die Variable enthält, ist zulässig, wobei sich allerdings zusätzliche Lösungen ergeben, und zwar sind das alle Lösungen der Gleichung T* = 0. Diese wären aus der Lösungsmenge der Ausgangsgleichung auszuschließen.

In der Praxis spielen solche Umformungen aber nur bei Bruchgleichungen eine Rolle, um einen im Nenner stehenden Term T* durch Kürzen wegzubringen. In diesem Fall kürzen sich dann aber auch die zusätzlichen Lösungen wieder weg.

Eine weitere erlaubte Umformung ist das Potenzieren auf beiden Seiten, wobei allerdings ebenfalls Lösungen auftreten können, die auf $T_1 = T_2$ nicht zutreffen. Zum Beispiel hat $x = -3$ nur die Lösung $x_1 = -3$,

$x^2 = 9$ besitzt hingegen die Lösungsmenge L = {3, –3}. In der Praxis geht es meist darum, bei Wurzelgleichungen durch Quadrieren Wurzeln wegzubringen.

Umgekehrt: Das Wurzelziehen auf beiden Seiten einer Gleichung ist keine erlaubte Umformung, weil dadurch Lösungen verloren gehen können.

Bei einer *Substitution* handelt es sich um das (unter Umständen mehrmalige) Austauschen oder Ersetzen einer Unbekannten durch eine andere. Bei der Auflösung von Gleichungssystemen (Abschnitt 2.4) kommt diese Methode vielfach zum Einsatz. Bei Gleichungen in einer Unbekannten kommt sie hingegen nur in Ausnahmefällen zur Anwendung, z. B. wenn die Variable lediglich in geraden (oder allgemein: durch n teilbaren Potenzen) auftritt. Da kann man dann das x^2 (bzw. das x^n) durch eine neue Variable u ersetzen und die Lösung(en) dieser Gleichung bestimmen. Ist z. B. u_1 eine solche Lösung, so ergeben sich aus der Gleichung $u_1 = x^2$ (bzw. $u_1 = x^n$) Lösungen der ursprünglichen Gleichung. Eine Anwendung findet sich in UA 3.22 (Beispiel 3 auf Seite 56).

Beispiele:

1. Die Bruchgleichung $\frac{1}{x-3} = \frac{2}{x-5}$ (Beispiel 3 aus UA 2.32, Seite 36) erhält durch Multiplizieren beider Seiten mit $(x-3)\cdot(x-5)$ die Gestalt $x - 5 = 2x - 6$, was durch Äquivalenzumformung auf x = 1 führt, und $x_1 = 1$ ist auch die (einzige) Lösung. Probe: –0,5 = –0,5.

2. Die Wurzelgleichung $\sqrt{x^2 - 3} = \sqrt{x - 1}$ mit D = {x ∈ **R** /x ≥ $\sqrt{3}$} kann durch Potenzieren zu $x^2 - 3 = x - 1 \Rightarrow x^2 - x - 2 = 0$ mit den (nach der pq-Formel aus UA 3.12 zu berechnenden) Lösungen $x_1 = -1$ und $x_2 = 2$ umgeformt werden. Allerdings ist $x_1 \notin$ D und die Probe ergibt negative Radikanden, für x_2 hingegen die wahre Aussage 1 = 1. Die Wurzelgleichung hat daher nur L = {2} als Lösungsmenge.

3. Um aus einer Funktionsgleichung jene der Umkehrfunktion abzuleiten erfolgt zunächst ein Vertauschen der Variablen (x ↔ y) und dann ein Isolieren des neuen y durch eine entsprechende Umformung,

40

im Falle des Beispiels aus UA 2.22 (Seite 30) wie folgt: $y = \frac{x^2}{2} \Rightarrow x = \frac{y^2}{2} \Rightarrow y^2 = 2x \Rightarrow y = \sqrt{2x}$. Während $y^2 = 2x$ noch z. B. das Zahlenpaar (2, –2) als Lösung hat, fallen durch das Wurzelziehen alle negativen y-Werte als Lösungsbestandteile weg.

2.4 Gleichungssysteme

Zwei oder mehr Gleichungen bilden ein *Gleichungssystem,* dessen Lösungsmenge aus allen Zahlen, Zahlenpaaren usw. besteht, die alle Gleichungen des Systems erfüllen. Bei Gleichungen in einer Variablen mit ihren nur diskret (also „verstreut") verteilten Lösungen stellen gemeinsame Lösungen allerdings die große Ausnahme dar, als Lösungsmenge gilt hier die leere Menge als Normalfall.

Nicht so hingegen bei den Gleichungen in zwei oder mehr Variablen. Die Behandlung von m linearen Gleichungen in n Variablen gilt unter dem Namen *lineare Algebra* mit ihren Determinanten und Matrizen sogar als eigenständiges Fachgebiet und wird diesem Thema in Abschnitt 6.1 viel Platz eingeräumt.

Hinsichtlich der Gleichungen in zwei und in drei Variablen (Abschnitt 5) ist wiederum die Verschwisterung zwischen Algebra und Geometrie besonders deutlich nachvollziehbar, bestimmt doch jede Gleichung in zwei Variablen eine ebene Kurve, z. B. eine Funktionskurve, und jede Gleichung in drei Variablen bestimmt im dreidimensionalen Raum R_3 eine Fläche, unter welchen sich auch die *Funktionsflächen* mit Gleichungen der Form $z = T(x, y)$ befinden.

Den Lösungsmengen der von solchen Gleichungen gebildeten Systeme entsprechen in der Geometrie dann die zugehörigen Schnittgebilde, das sind Schnittpunkte und Schnittkurven. Die Abschnitte 6.2 und 7.3 beinhalten dieses Thema.

Im Folgenden wird vorläufig nur der einfachste Fall, nämlich ein von zwei linearen Gleichungen in zwei Variablen gebildetes System, vorgestellt und abgehandelt.

41

2.41 Gleichsetzungs-, Substitutions- und Additionsmethode

Den Lösungsmengen von zwei solchen Gleichungen lassen sich geometrisch alle Punkte von zwei Geraden zuordnen. Haben diese einen gemeinsamen Schnittpunkt, so hat das Gleichungssystem genau ein Zahlenpaar als Lösung, welches die Koordinaten des Schnittpunktes angibt.

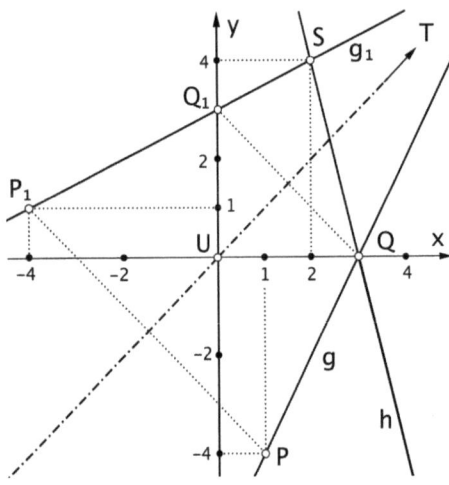

Beispiel 2 auf Seite 35 betrifft die Gleichung y = 2x − 6, deren Funktionsgraph die Verbindungsgerade g der Punkte $P(1|{-}4)$ und $Q(3|0)$ ist. Nach der im letzten Beispiel (Seite 40/41) angewendeten Regel ($x \leftrightarrow y$ und Umformen) ist sonach $y = \frac{x}{2} + 3$ die Funktionsgleichung der Umkehrfunktion und g_1 die zugehörige Gerade.

Für den Schnittpunkt T von g mit g_1 müssen die y-Werte übereinstimmen, woraus sich für den gemeinsamen x-Wert die Gleichung $2x - 6 = \frac{x}{2} + 3$ mit der Lösung $x_1 = 6$ ergibt. Aus beiden Funktionsgleichungen folgt daraus $y_1 = 6$ und somit $L = \{(6, 6)\}$ als Lösungsmenge des Gleichungssystems sowie $T(6|6)$ als Schnittpunkt der beiden Geraden g und g_1.

Neben dieser *Gleichsetzungsmethode* gibt es noch zwei weitere Verfahren, um eine Variable zu eliminieren, die andere zu berechnen und durch „Rückwärtseinsetzen" zum Endergebnis zu gelangen. Die Gerade h in der obigen Zeichnung gehorcht der Gleichung $4x + y - 12 = 0$. Ersetzt man in ihr das y durch den Term aus der Funktionsgleichung y = 2x − 6 (Gerade g), so kommt $6x - 18 = 0$ und daraus $x_1 = 3$ und $y_1 = 0 \Rightarrow L = \{(3, 0)\}$ bzw. $Q(3|0)$.

42

Neben dieser auch bei nichtlinearen Systemen gut anwendbaren *Substitutionsmethode* gibt es als drittes Eliminationsverfahren noch die *Additionsmethode*, welche besonders bei linearen Gleichungssystemen mit mehr als zwei Gleichungen und Variablen zur Anwendung kommt. Sie verlangt nach zwei Geradengleichungen der Form ax + by + c = 0, also etwa der Gleichung 4x + y − 12 = 0 von h und der aus der Funktionsgleichung von g_1 abgeleiteten Gleichung x − 2y + 6 = 0. Erweitert man die Gleichung von h mit 2 zu 8y + 2y − 24 = 0 und addiert sie mit der Gleichung von g_1, so kommt 9x − 18 = 0 und daraus x_1 = 2 und y_1 = 4. Man kann aber auch umgekehrt die Gleichung von g_1 mit −4 erweitern, dann fällt durch Addieren die Variable x weg und aus 9y − 36 = 0 folgt y_1 = 4, was x_1 = 2 zur Folge hat ⇒ L = {(2, 4)} bzw. S(2|4).

2.42 Geradengleichungen: Koordinaten- und Parameterform

Jede Gerade g der (mit einem Achsenkreuz Uxy versehenen) Zeichenebene lässt sich durch eine lineare Gleichung ax + by + c = 0 mit (a, b) ≠ (0, 0) in dem Sinne darstellen, dass jedem Punkt P ∈ g über dessen Koordinaten genau eine Lösung der Gleichung entspricht und umgekehrt. Bei der als (allgemeine) *Koordinatenform* (Hauptform) bezeichneten Gleichung kommt es nur auf das Verhältnis a : b : c an, sodass die Gleichung für rationale Koeffizienten (durch Erweitern) immer ganzzahlig gemacht werden kann.

Für b ≠ 0 lässt sich die Hauptform auf die Funktionsgleichung y = kx + d (*explizite Form* bezüglich y) umformen; k bestimmt die *Steigung* der Geraden und D(0|d) ist immer einer ihrer Punkte. Für a ≠ 0 kann die Hauptform auch auf eine bezüglich x explizite Form x = T(y) gebracht werden, was für die Substitutionsmethode ebenso brauchbar ist wie für die Gleichsetzungsmethode.

Die Hauptform schließt damit nicht nur (für a = 0) die zur x-Achse parallelen Geraden mit der Gleichung $y = -\frac{c}{b} = d$ mit ein, sondern (für b = 0) auch die zur y-Achse parallelen Geraden mit der Gleichung x = $-\frac{c}{a}$. Für alle anderen durch zwei Punkte P(x_1|y_1) und Q(x_2|y_2) festgelegten Geraden ergibt sich deren Gleichung aus

43

$$y - y_1 = \frac{y_2 - y_1}{x_2 - x_1} \cdot (x - x_1)$$

Diese *Zweipunktform* lässt sich wie folgt beweisen: Aus $y = kx + d$ entsteht durch Einsetzen der Punktkoordinaten $y_1 = k \cdot x_1 + d$ und $y_2 = k \cdot x_2 + d$. Subtraktion der y_1-Gleichung von der y-Gleichung ergibt $y - y_1 = k \cdot (x - x_1)$ und Subtraktion der y_1-Gleichung von der y_2-Gleichung ergibt $y_2 - y_1 = k.(x_2 - x_1)$, daher gilt $k = \frac{y_2 - y_1}{x_2 - x_1}$ und zusammen mit $y - y_1 = k \cdot (x - x_1)$ die oben genannte Formel.

Ist eine Umformung auf die *Abschnittsform* $\frac{x}{c} + \frac{y}{d} = 1$ möglich, worin das c (im Unterschied zur Hauptform) für einen festen Zahlenwert steht, so enthält die Gerade die Punkte C(c|0) und D(0|d).

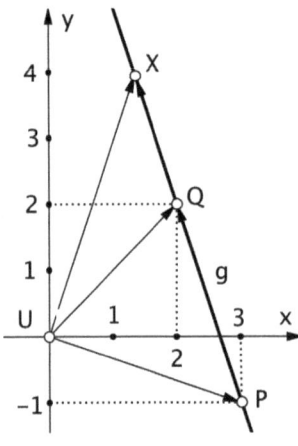

Die Parameterform der Geradengleichung greift auf die Vektorrechnung zu, indem sie den von einem Punkt P $\in$ g zu einem Punkt Q $\in$ g führenden *Richtungsvektor* $\vec{v}$ als Basis für einen Vektorraum verwendet, der alle Vektoren $t \cdot \vec{v}$ mit dem *Parameter* $t \in \mathbf{R}$ enthält. Ist nun $\vec{p}$ der von U nach P, $\vec{q}$ der von U nach Q und $\vec{x}$ der von U zu einem auf g liegenden Punkt X hinführende Vektor, so gilt nach der Additionsregel die *Vektorgleichung* $\vec{x} = \vec{p} + t \cdot \vec{v} = \vec{p} + t \cdot (\vec{q} - \vec{p})$.

In Koordinaten geschrieben ergibt sich daraus für die beiden Punkte $P(x_1|y_1)$ und $Q(x_2|y_2)$ die Vektorgleichung bzw. die Gleichungen

$\begin{pmatrix} x \\ y \end{pmatrix} = \begin{pmatrix} x_1 \\ y_1 \end{pmatrix} + t \cdot \begin{pmatrix} x_2 - x_1 \\ y_2 - y_1 \end{pmatrix}$	$\begin{array}{l} x = x_1 + t \cdot (x_2 - x_1) \\ y = y_1 + t \cdot (y_2 - y_1) \end{array}$

Zu jedem Punkt gehört genau ein Parameter t und umgekehrt, z. B. zu $P(x_1|y_1)$ der Parameter $t = 0$ und zu $Q(x_2|y_2)$ der Parameter $t = 1$.

44

Der große Vorteil der Vektorgleichung besteht darin, dass sie sich auch für die Geradendarstellung im dreidimensionalen Raum R_3 eignet, während im R_2 darauf verzichtet werden kann. Gleichwohl wird im Folgenden auch der Umgang mit der zweidimensionalen Parameterform anhand von konkreten Beispielen demonstriert, wobei immer mit den beiden linearen Gleichungen $x = X(t)$ und $y = Y(t)$ operiert wird, in welche die Vektorgleichung zerlegt werden kann.

Beispiele:

1. Die in der vorseitigen Zeichnung enthaltene Gerade g verbindet die Punkte P$(3|-1)$ und Q$(2|2)$. Nach der Regel „Spitze minus Schaft" ergibt sich daraus der zu g gehörigen Richtungsvektor $\vec{v} = (-1, 3)$. Für die Koordinaten aller Punkte von g folgen aus der Vektorgleichung die beiden Gleichungen $x = 3 - t$ und $y = -1 + 3t$, was z. B. für $t = 2$ den Punkt R$(1|5)$ und für $t = -1$ den Punkt S$(4|-4)$ ergibt. Um zu einer parameterfreien Gleichung der Geraden g zu gelangen ist der Parameter zu eliminieren, etwa durch die Substitution von $t = 3 - x$ in die Gleichung $y = -1 + 3t \Rightarrow y = -1 + 3 \cdot (3 - x) = 8 - 3x$, und diese Gleichung bestätigt die Koordinaten von R und S.

2. Umgekehrt lassen sich aus einer Koordinatengleichung mit Hilfe zweier beliebiger Lösungen stets eine Vektorgleichung bzw. die beiden linearen Gleichungen $x = X(t)$ und $y = Y(t)$ ermitteln. Sei etwa $x + 2y + 4 = 0$ die Gleichung einer Geraden f, so geht diese durch P$(-2|-1)$ und Q$(0|-2)$, was über $\vec{p} = (-2, -1)$ und $\vec{q} = (0, -2)$ zu $\vec{v} = \vec{q} - \vec{p} = (2, -1)$ und weiter zu $x = -2 + 2s$ und $y = -1 - s$ führt (s statt t wegen Beispiel 3). Mit Hilfe dieser Gleichungen lässt sich die Lösungsmenge L der linearen Gleichung $x + 2y + 4 = 0$ als L $= \{(x, y) / x = -2 + 2s, y = -1 - s, s \in \mathbf{R}\}$ recht „elegant" beschreiben.

3. Aus den Parameterformen von zwei Geradengleichungen lässt sich der Schnittpunkt der zugehörigen Geraden (wie aus den Koordinatengleichungen) durch das Auflösen von zwei linearen Gleichungen in zwei Variablen ermitteln, die in diesem Fall zwei Parameter s und t sind. Um etwa den Schnittpunkt der Geraden g von Beispiel 1 mit $x = 3 - t$ und $y = 3t - 1$ mit der Geraden f von Beispiel 2 mit $x = -2 + 2s$ und $y = -1 - s$ zu berechnen werden die beiden in x expliziten

Gleichungen und die beiden in y expliziten Gleichungen gleichgesetzt, was $3 - t = -2 + 2s$ und $3t - 1 = -1 - s \Rightarrow s = -3t$ ergibt. Wird nun dieses s in die erste Gleichung substituiert, so kommt $3 - t = -2 + 2 \cdot (-3t) \Rightarrow 3 - t = -2 - 6t \Rightarrow 5t = -5$, also $t = -1$ und damit der Schnittpunkt $S(4|-4)$ als Punkt auf g. Zur Kontrolle: Aus $t = -1$ folgt $s = 3$ und $S(4|-4)$ als Punkt von f.

2.43 Parallelität

Parallele Gerade haben keinen Schnittpunkt, für das zugehörige Gleichungssystem $a_1x + b_1y + c_1 = 0$ und $a_2x + b_2y + c_2 = 0$ muss daher $L = \{ \ \}$ gelten. Tatsächlich kommt für $a_1 : b_1 = a_2 : b_2$ beim Auflösen des Systems eine Falschaussage heraus, es sei denn, dass sich auch c_1 und c_2 gleichermaßen proportional verhalten, was $0 = 0$ zur Folge hat. Die beiden Gleichungen beschreiben dann nämlich dieselbe Gerade. Bei den Vektorgleichungen paralleler Geraden gehören die Richtungsvektoren demselben eindimensionalen Vektorraum an, ihre Koordinaten sind daher ebenfalls proportional.

Der aus den Koeffizienten von x und y bestehende Vektor $\vec{n} = (a, b)$ ist ein *Normalvektor* der zugehörigen Geraden g. Hat g einen Vektor $\vec{v} = (v_x, v_y)$ als Richtungsvektor, so ergibt $\vec{n} \cdot \vec{v} = a \cdot v_x + b \cdot v_y$, das ist die Summe aus den Produkten der ersten und der zweiten Vektorkoordinaten, stets den Wert 0, was anhand der zuletzt durchgeführten Beispiele leicht überprüfbar ist.

Ohne Beweis: Für zwei- und dreidimensionale Vektoren $\vec{u}$ und $\vec{v}$, von denen keiner der Nullvektor ist, gilt die Formel

$$|\vec{u}| \cdot |\vec{v}| \cdot \cos(\varphi) = \vec{u} \cdot \vec{v}$$

In ihr ist φ der Winkel, welchen die beiden Vektoren miteinander einschließen, und $\vec{u} \cdot \vec{v} = u_x \cdot v_x + u_y \cdot v_y (+ u_z \cdot v_z)$ ist eine als *Skalarprodukt* der beiden Vektoren bezeichnete Zahl. Hat diese den Wert 0, so folgt daraus $\cos(\varphi) = 0$, was bedeutet, dass die beiden Vektoren aufeinander normal stehen.

46

Algebraische Gleichungen in einer Variablen

In den bisher beispielhaft gestalteten Ausführungen sind solche Gleichungen schon mehrfach vorgekommen. Hier geht es nun um die systematische Behandlung aller Gleichungen, welche sich mit Hilfe erlaubter Umformungen als $P(x) = 0$ darstellen lassen, worin $P(x)$ ein Polynom n-ten Grades ist, und um die Ermittlung von deren Lösungsmengen. Bruch- und Wurzelgleichungen sind inkludiert.

3.1 Lineare und quadratische Gleichungen

Als solche sind alle Gleichungen zu verstehen, die auf ein Polynom $P(x)$ ersten oder zweiten Grades hinführen. Aus diesem kann im Linearfall die Lösung leicht abgeleitet werden; bei den quadratischen Gleichungen lassen sich deren zwei Lösungen immer mittels der sogenannten pq-Formel ermitteln.

3.11 Lineare Gleichungen

Das sind alle Bestimmungsgleichungen, die sich in die Form $ax + b = 0$ bringen lassen, in der a und b der Koeffizientenmenge $K = \mathbf{R}$ mit $a \neq 0$ angehören. Weil K ein algebraischer Körper ist, der also mit a auch den Kehrwert $a^{-1} = \frac{1}{a}$ und mit b auch die entgegengesetzte Zahl $-b$ enthält, hat eine lineare Gleichung in einer Variablen genau eine Lösung; sie lässt sich dann nämlich durch Addition von $-b$ auf beiden Seiten und Multiplikation beider Seiten mit $\frac{1}{a}$ auf die Form $x = -\frac{b}{a}$ bringen, woraus $L = \{-\frac{b}{a}\}$ folgt.

Daraus lässt sich auch eine Körperdefinition ableiten, welche das Vorhandensein inverser Elemente ersetzt: Eine Menge K mit der Struktur eines Ringes bildet genau dann einen Körper, wenn jede lineare

Gleichung $ax + b = 0$ mit $a \in K \backslash \{0\}$ und $b \in K$ eindeutig lösbar ist. Für Koeffizientenmengen kommen daher nur die Zahlenkörper $\mathbf{Q}$, $\mathbf{R}$ und $\mathbf{C}$ in Frage, wobei vor allen hinsichtlich von Textaufgaben mit $\mathbf{Q}$ und $\mathbf{R}$ das Auslangen zu finden sein wird.

Beispiele:

1. Vertauscht man in einer zweistelligen ganzen positiven Zahl mit der Zehnerziffer 7 die beiden Ziffern, so entsteht eine um 45 kleinere Zahl. Wie lauten die beiden Zahlen?

Für die Einerziffer x ergibt sich aus der Angabe die Gleichung $70 + x - 45 = 10x + 7 \Rightarrow 25 + x = 10x + 7 \Rightarrow -9x = -18 \Rightarrow x = 2 \Rightarrow$ Die Zahlen lauten 72 und 27, ihre Differenz ist 45. Bemerkung: Aus dem Text ergibt sich als Grundmenge $G = \{x \in \mathbf{Z} / 0 \le x \le 9\}$.

2. $(2x - 3a)^2 = (2a - x) \cdot (3a - 4x) \Rightarrow 4x^2 - 12ax + 9a^2 = 6a^2 - 8ax - 3ax + 4x^2 \Rightarrow -12ax + 11ax = 6a^2 - 9a^2 \Rightarrow -ax = -3a^2 \Rightarrow x = 3a \Rightarrow L = \{3a\}$, sofern der Parameter $a \ne 0$ ist.

Für $a = 0$ führt die Umformung sogleich auf die Identität $4x^2 = 4x^2$ bzw. $0 = 0$, die Gleichung ist daher allgemeingültig und es gilt $L = G$.

3. $\frac{x}{x^2 + 6x + 9} - \frac{3}{x^2 + 3x} = \frac{1}{x}$ Der erste Nenner ist identisch mit $(x + 3)^2$ und der zweite mit $x \cdot (x + 3)$. Der kleinste gemeinsame Nenner, mit dem die Gleichung zu erweitern ist, damit alle Nenner wegfallen, lautet daher $x \cdot (x + 3)^2$. Daraus folgt $x^2 - 3 \cdot (x + 3) = (x + 3)^2$ und daraus durch Äquivalenzumformungen schließlich $x + 2 = 0 \Rightarrow L = \{-2\}$, weil die Probe $-0{,}5 = -0{,}5$ ergibt.

4. $\sqrt{x + 4} + \sqrt{x - 20} = 6$ Grundsätzlich kann hier sofort links und rechts quadriert werden, dann ist die verbleibende Wurzel zu isolieren und nochmals zu quadrieren. Etwas einfacher wird es aber, wenn die Wurzeln sofort getrennt werden und dann erst quadriert wird:

$x + 4 = 36 - 12 \cdot \sqrt{x - 20} + x - 20 \Rightarrow 12 \cdot \sqrt{x - 20} = 12 \Rightarrow \sqrt{x - 20} = 1 \Rightarrow x - 20 = 1 \Rightarrow x = 21 \Rightarrow L = \{21\}$, weil 21 in der Definitionsmenge $D = \{x \in \mathbf{R} / x \ge 20\}$ liegt und die Probe $6 = 6$ ergibt.

3.12 Die pq-Formel

Eine quadratische Gleichung $ax^2 + bx + c = 0$ mit $a \neq 0$ kann (wie auch jede andere Polynomgleichung) mittels Division durch a „normiert" werden und hat dann in ihrer *Normalform* die Gestalt $x^2 + px + q = 0$. Diese Gleichung hat maximal zwei reelle Lösungen x_1 und x_2, die nach der sogenannten *pq-Formel*

$$x_{1,2} = -\frac{p}{2} \pm \sqrt{\frac{p^2}{4} - q}$$

berechnet werden können. Denn wegen $(x + \frac{p}{2})^2 = x^2 + px + \frac{p^2}{4}$ gilt $x^2 + px + q = (x + \frac{p}{2})^2 - \frac{p^2}{4} + q = 0$, daraus folgt $(x + \frac{p}{2})^2 = \frac{p^2}{4} - q$ sowie (durch Wurzelziehen auf beiden Seiten) $x + \frac{p}{2} = \pm\sqrt{\frac{p^2}{4} - q}$. Der negative Wurzelwert muss hier berücksichtigt werden, weil auch dessen Quadrat $(x + \frac{p}{2})^2$ ergibt; andernfalls ginge bei der quadratischen Gleichung eine Lösung verloren.

Der Wert $D = \frac{p^2}{4} - q$ heißt *Diskriminante* der Gleichung, weil diese für $D > 0$ zwei (reell getrennte) Lösungen $x_1 \neq x_2$, für $D = 0$ eine (reelle Doppel-)Lösung x_{12} und für $D < 0$ keine (reelle) Lösung hat. Dieser Fall bedarf im Hinblick auf den Fundamentalsatz der Algebra (Abschnitt 3.2) einer besonderen Erörterung (UA 3.14).

Neben der pq-Formel ist auch noch eine Formel in Gebrauch, welche anstelle von p und q die Koeffizienten a, b und c enthält und daher als abc-Formel bezeichnet wird. Sie ergibt sich aus der pq-Formel, indem $p = \frac{b}{a}$ und $q = \frac{c}{a}$ gesetzt wird. Bei ihr gilt der unter der Wurzel stehende Wert $b^2 - 4ac$ als Diskriminante. Die abc-Formel habe ich in meinem Unterricht ebenso vernachlässigt wie die Unterscheidung zwischen *reinquadratischen* $(b = p = 0)$ und *gemischtquadratischen* $(b \neq 0 \Rightarrow p \neq 0)$ *Gleichungen*. Auch den Fall, dass $c = q = 0$ gilt $(\Rightarrow x \cdot (x + p) = 0$ und damit $x_1 = 0$ und $x_2 = -p)$ habe ich nicht extra behandelt, weil die pq-Formel ohnehin alle diese Gegebenheiten abdeckt. Und sie ist insofern leicht zu handhaben, als sich $\frac{p^2}{4}$ unmittelbar durch Quadrieren der vor der Wurzel stehenden Zahl $-\frac{p}{2}$ ergibt.

Beispiele:

1. $x^2 + 6x + 5 = 0$ hat wegen $D = 9 - 5 = 4$ zwei verschiedene Lösungen, und zwar $x_1 = -3 + \sqrt{4} = -1$ (Probe: $1 - 6 + 5 = 0$) und $x_2 = -3 - \sqrt{4} = -5$ (Probe: $25 - 30 + 5 = 0$).

2. $x^2 - 8x + 16 = 0$ hat wegen $D = 16 - 16 = 0$ genau eine Lösung, und zwar $x_{12} = -\frac{p}{2} = 4$ (Probe: $16 - 32 + 16 = 0$). Wer erkennt, dass $x^2 - 8x + 16 = (x - 4)^2 = (x - 4) \cdot (x - 4) = 0$ ist, der kann daraus die „Doppellösung" unmittelbar ablesen.

3. $-3x^2 + 2x + 21 = 0$ (siehe dazu Beispiel 2 aus UA 2.33, Seite 39) ist zunächst auf die Normalform $x^2 - \frac{2}{3}x - 7 = 0$ zu bringen, und daraus ergibt sich $x_{1,2} = \frac{1}{3} \pm \sqrt{\frac{1}{9} + \frac{63}{9}} = \frac{1}{3} \pm \sqrt{\frac{64}{9}}$, somit $x_1 = 3$ (Probe: $-27 + 6 + 21 = 0$) und $x_2 = -\frac{7}{3}$ (Probe: $\frac{49}{3} - \frac{14}{3} + \frac{63}{3} = 0$).

4. $\frac{1}{10} + \frac{1}{2x+4} = \frac{1}{3x-4}$ führt nach Multiplikation beider Seiten mit dem „Generalnenner" $10 \cdot (2x + 4) \cdot (3x - 4)$ und weiteren Umformungen zur quadratischen Gleichung $x^2 + \frac{7}{3}x - 16 = 0$, woraus $x_1 = 3$ (Probe: $0,2 = 0,2$) und $x_2 = -\frac{16}{3}$ (Probe: $-0,05 = -0,05$) folgt.

3.13 Der Satz von VIETA

Mit diesem Satznamen wird dem französischen Advokaten, Berater mehrerer Könige und Mathematiker Francois Viète (1540 – 1603) zu Recht ein Denkmal gesetzt. Dieser kann nämlich als Begründer der neuzeitlichen Algebra (als „Buchstabenrechnung") angesehen werden, weil er (nach antiken Vorbildern, DIOPHANTOS von Alexandria ist schon genannt worden) der Darstellung von Variablen durch Buchstaben zum Durchbruch verholfen hat.

50

Wegen $x_1 + x_2 = -\frac{p}{2} + \sqrt{D} + (-\frac{p}{2} - \sqrt{D}) = -p$ und $x_1 \cdot x_2 = (-\frac{p}{2} + \sqrt{D}) \cdot (-\frac{p}{2} - \sqrt{D}) = \frac{p^2}{4} - D = \frac{p^2}{4} - (\frac{p^2}{4} - q) = q$ gilt

$$x_1 + x_2 = -p$$
$$x_1 \cdot x_2 = q$$

(*Satz von VIETA*) bzw. die dazu identische Aussage

$$x^2 + px + q = (x - x_1).(x - x_2)$$

Der Satz erlaubt es, ganzzahlige Lösungen der Gleichung $x^2 + px + q = 0$ allenfalls durch Probieren zu ermitteln, und die dazu identische Aussage belegt, dass und wie quadratische Trinome in Produkte von zwei linearen Binomen zerlegt werden können, allerdings im Koeffizientenbereich $K = \mathbf{R}$ nur dann, wenn die Gleichung $x^2 + px + q = 0$ reelle Lösungen besitzt.

Beispiele:

1. $x^2 + 6x + 5 = 0$ hat wegen $q = x_1 \cdot x_2 = 5$ möglicherweise die Lösungen 1 und 5 oder -1 und -5. Wegen $p = 6 \Rightarrow -p = -6 = x_1 + x_2$ sind es -1 und -5, die Produktzerlegung des Trinoms lautet $(x + 5) \cdot (x + 1)$. Umgekehrt lassen sich aus einer vorhandenen Produktzerlegung immer die Lösungen ablesen und lässt sich aus x_1 und x_2 die zugehörige Gleichung rekonstruieren, siehe das nächste Beispiel.

2. Es soll eine quadratische Gleichung mit ganzzahligen Koeffizienten erstellt werden, welche die Lösungen $x_1 = 0,5$ und $x_2 = -0,75$ besitzt. $(x - \frac{1}{2}) \cdot (x + \frac{3}{4}) = x^2 + (\frac{3}{4} - \frac{1}{2}) \cdot x - \frac{3}{8} = x^2 + \frac{x}{4} - \frac{3}{8} = 0 \Rightarrow 8x^2 + 2x - 3 = 0$. Die Proben $8 \cdot 0,25 + 2 \cdot 0,5 - 3 = 2 + 1 - 3 = 0$ und $8 \cdot 0,5625 - 2 \cdot 0,75 - 3 = 4,5 - 1,5 - 3 = 0$ zeigen, dass x_1 und x_2 Lösungen sind.

3. $4x^2 - 9 = 0$ lässt sich offensichtlich in $(2x - 3) \cdot (2x + 3) = 0$ zerlegen, woraus sich über $2x = 3$ und $2x = -3$ die Lösungen $\pm \frac{3}{2}$ ebenso ergeben wie aus $4x^2 = 9 \Rightarrow x^2 = \frac{9}{4}$ und Wurzelziehen.

3.14 Konjugiert komplexe Lösungen

In der Grundmenge $G = C$ hat eine quadratische Gleichung immer zwei Lösungen, weil in diesem Fall mit Hilfe der imaginären Einheit i, für die $i^2 = -1$ gilt, auch aus einer negativen Diskriminante $D < 0$ die Quadratwurzel gezogen werden kann: Für $D = (-1) \cdot (-D) = i^2 \cdot (-D)$ ist $-D > 0 \Rightarrow \sqrt{i^2 \cdot (-D)} = i \cdot \sqrt{-D}$.

Damit lässt sich nun jedes quadratische Trinom in ein Produkt von linearen Binomen zerlegen, wobei deren Koeffizienten aber nun auch imaginär sein können. Bei der Produktbildung fallen die imaginären Elemente deswegen wieder weg, weil es sich immer um konjugiert komplexe Zahlen handelt, wie aus der pq-Formel unmittelbar folgt.

Beispiele:

1. Das Polynom $P(x) = x^2 + 6x + 13$ soll in Linearfaktoren zerlegt werden. Nach der pq-Formel hat die Gleichung $P(x) = 0$ die imaginären Lösungen $x_{1,2} = -3 \pm 2i$, daher gilt $P(x) = (x + 3 - 2i) \cdot (x + 3 + 2i)$. Überprüfung durch Multiplikation: $x^2 + 3x + 2i \cdot x + 3x + 9 + 6i - 2i \cdot x - 6i - 4i^2 = x^2 + 6x + 13$ wegen $-4i^2 = -4 \cdot (-1) = 4$.

2. Auch die in R nicht zerlegbaren Quadratsummen können mit Hilfe der imaginären Einheit zerlegt und damit etwa auch die Lösungen der Gleichung $x^2 + 9 = 0$ ermittelt werden. $x^2 + 9 = x^2 - 9 \cdot (-1) = x^2 - 9i^2 = (x + 3i) \cdot (x - 3i) \Rightarrow L = \{-3i, 3i\}$.

3.2 Der Fundamentalsatz der Algebra

Dieser Satz ist sowohl von grundsätzlicher Bedeutung als auch der Schlüssel für die Lösung aller Polynomgleichungen dritten und höheren Grades, sofern einzelne Lösungen x_i, x_k ... bereits vorgegeben sind oder durch Probieren ermittelt werden können. Bis zum vierten Grad hinauf gibt es für Polynomgleichungen zwar noch spezielle Lösungsmethoden, auf die wegen des großem Rechenaufwandes hier aber nicht eingegangen wird. Auch mit dem universellen Newtonschen Näherungsverfahren (Abschnitt 4.4) kommt man in diesen Fällen rascher zu einem brauchbaren Ergebnis.

Es hat mich überrascht, dass ich unter dem Titel „Fundamentalsatz der Algebra" im Internet eine Reihe von Interpretationen gefunden habe. Sie reichen von der Aussage, jede Funktion mit der Gleichung y = P(x), in der P(x) ein Polynom mindestens ersten Grades ist, besitze im Bereich der komplexen Zahlen mindestens eine Nullstelle, bis zur allgemeinsten, nämlich dass eine Polynomgleichung n-ten Grades $P_n(x)$ = 0, deren Koeffizienten der Menge **C** angehören, in der Grundmenge **C** genau n Lösungen besitzt. Dieser Satz gilt allerdings bereits dann, wenn in ihm die Koeffizientenmenge, aber nicht die Grundmenge, auf die Menge **R** eingeschränkt wird.

3.21 Die Gaußsche Formulierung des Fundamentalsatzes

Im Bestreben, mich in diesem Lehrgang im Wesentlichen auf die Koeffizientenmenge K = **R** zu beschränken, kommt mir vor allem jene Formulierung des Fundamentalsatzes gelegen, die Carl Friedrich GAUSS (1777 – 1855) in seiner Dissertation von 1799 verwendet und bewiesen hat.

Die Dissertation trägt den Titel „Neuer Beweis des Satzes, dass jede ganze rationale algebraische Funktion in einer Variablen in reelle Faktoren ersten oder zweiten Grades zerlegt werden kann". Aus diesem Satz, der hier nicht bewiesen, sondern nur anhand von Beispielen belegt werden soll, ergeben sich durch Nullsetzen jedes Faktors nur Gleichungen 1. oder 2. Grades, und die Gesamtheit von deren Lösungen bildet die Lösungsmenge der Gleichung $P_n(x)$ = 0.

Das Zerlegen von Polynomen ist in UA 2.13 (Polynomringe) bereits abgehandelt worden. Wie wir inzwischen wissen, ist bei einer Polynomgleichung $P_n(x)$ = 0 mit jeder Lösung x_i das Binom $(x - x_i)$ ein Teiler des Polynoms $P_n(x)$. Die Division $P_n(x) : (x - x_i)$ ergibt als Quotienten ein Polynom $P_{n-1}(x)$, also ein Polynom von auf n – 1 vermindertem Grad, und die Lösungen der Gleichung $P_{n-1}(x)$ = 0 sind auch Lösungen der Gleichung $P_n(x)$ = 0. In konsequenter Verfolgung dieser Strategie und unter Berücksichtigung der Tatsache, dass quadratische Gleichungen gegebenenfalls keine reellen Lösungen besitzen, ergibt sich damit folgende Zusammenfassung dessen, was unter dem *Fundamentalsatz der Algebra* insgesamt zu verstehen ist:

Jedes reelle Polynom n-ten Grades $P_n(x)$ lässt sich in ein Produkt reeller Polynome maximal zweiten Grades zerlegen, deren Gradsumme n ergibt. Durch das Nullsetzen aller dieser Teiler von $P_n(x)$ entstehen lineare und quadratische Gleichungen, deren insgesamt n Lösungen x_1, x_2, ... x_n die Lösungsmenge der Gleichung $P_n(x) = 0$ bilden, die dann auch in der Form

$$P_n(x) = a_n \cdot (x - x_1) \cdot (x - x_2) \cdot \ ... \ \cdot (x - x_n) = 0$$

geschrieben werden kann. Darin werden Doppellösungen stets durch zwei gleichlautende Faktoren dargestellt und imaginäre Lösungen treten immer paarweise als konjugiert komplexe Zahlen auf. Daraus folgt, dass Polynomgleichungen ungeraden Grades ($n = 2k - 1$ mit k $\in \mathbf{N}$) immer mindestens eine reelle Lösung besitzen.

Die Zählweise, die für $P_n(x) = 0$ immer zu genau n Lösungen führt, wird mit der Floskel „im Sinne der algebraischen Wurzelzählung" (i. S. d. a. W.) zum Ausdruck gebracht, worin sich mit „Wurzel" die traditionelle Bezeichnung für eine Lösung einer algebraischen Gleichung erhalten hat.

Beispiele:

1. Aus dem Ergebnis von Beispiel 1 aus UA 2.13 (Seite 27), nämlich $(2x^3 + x^2 - 6x - 3) : (x^2 - 3) = 2x + 1$ ergibt sich die Zerlegung des Dividenden in $2 \cdot (x + \frac{1}{2}) \cdot (x^2 - 3) = 2 \cdot (x + \frac{1}{2}) \cdot (x + \sqrt{3}) \cdot (x - \sqrt{3})$. Die Gleichung $2x^3 + x^2 - 6x - 3 = 0$ besitzt also die Lösungsmenge L = $\{ \frac{1}{2}$, $-\sqrt{3}, \sqrt{3} \}$.

2. Aus dem Ergebnis von Beispiel 2 aus UA 2.13 (Seite 28), nämlich $(2x^4 - 5x^3 - 4x^2 + 17x - 10) : (x^2 - 3x + 2) = 2x^2 + x - 5$, ergibt sich die Zerlegung des Dividenden in $2 \cdot (x^2 + \frac{x}{2} - \frac{5}{2}) \cdot (x^2 - 3x + 2)$. Für die Gleichung $x^2 + \frac{x}{2} - \frac{5}{2} = 0$ liefert die pq-Regel $x_{1,2} = \frac{-1 \pm \sqrt{41}}{4}$. Das sind zwei Lösungen der Gleichung $2x^4 - 5x^3 - 4x^2 + 17x - 10 = 0$, dazu kommen aufgrund der Zerlegung des zweiten Faktors (nach VIETA) in $(x - 1) \cdot (x - 2)$ noch $x_3 = 1$ und $x_4 = 2$.

54

3.22 Einzellösungen und HORNER-Schema

Die Aufspaltung des Polynoms $P_n(x)$ in ein Produkt aus dem Koeffizienten a_n seiner höchsten Potenz und n Binomen der Form $x - x_i$ hat zur Folge, dass das Absolutglied a_0 das Produkt aus a_n und allen Lösungen der Gleichung ist. Dafür legen auch die letzten Beispiele Zeugnis ab.

Das kann dazu benützt werden, ganzzahlige Einzellösungen als Faktoren von a_0 aufzuspüren und durch Proben zu überprüfen. Wenn die Ausgangsgleichung allerdings nicht nur ganzzahlige Lösungen hat, dann liefert das Absolutglied a_0 keine Hinweise auf mögliche Lösungen.

Eine Möglichkeit, Zahlen daraufhin zu überprüfen, ob sie Lösungen einer Polynomgleichung sind, liefert ein nach dem englischen Mathematiker William George HORNER (1786 – 1837) benanntes Rechenschema, das hier anhand eines Polynoms dritten Grades $P(x) = ax^3 + bx^2 + cx + d$ erklärt wird, das aber, entsprechend fortgeführt, auch auf Gleichungen höheren Grades angewendet werden kann.

	a	b	c	d
x_1	a	$ax_1 + b$	$ax_1^2 + bx_1 + c$	$ax_1^3 + bx_1^2 + cx_1 + d$

Es funktioniert nach folgendem „Rezept": Multipliziere eine mögliche Nullstelle x_1 mit a und zähle b dazu (Spalte 3 unten); multipliziere diese Zahl mit x_1 und zähle c dazu (Spalte 4 unten); multipliziere diese Zahl mit x_1 und zähle d dazu (Spalte 5 unten). Ist dieser Wert 0, dann ist x_1 eine Nullstelle, ansonsten nicht.

Im Positivfall ist a auch der Koeffizient des x^2, $(ax_1 + b)$ der Koeffizient des x und $(ax_1^2 + bx_1 + c)$ das Absolutglied des Quotienten $ax^2 + (ax_1 + b).x + (ax_1^2 + bx_1 + c)$, der sich bei Division des Ausgangspolynoms durch den Divisor $(x - x_1)$ ergibt, wie auf der nächsten Seite bewiesen wird. Dadurch erübrigt es sich, den Divisionsalgorithmus für Polynome zu beherrschen; andererseits war es mir als ausgewiesenem Strukturmathematiker immer ein Bedürfnis, meine Schüler mit Polynomringen bekannt zu machen.

$$(ax^3 + bx^2 + cx + d) : (x - x_1) = ax^2 + x \cdot (ax_1 + b) + (ax_1^2 + bx_1 + c)$$
$$\underline{ax^3 - ax_1 x^2}$$
$$0 \quad (ax_1 + b) \cdot x^2 + \qquad\qquad cx$$
$$\underline{(ax_1 + b) \cdot x^2 - x_1 \cdot (ax_1 + b) \cdot x}$$
$$0 \qquad (ax_1^2 + bx_1 + c) \cdot x + \qquad\qquad d$$
$$\underline{(ax_1^2 + bx_1 + c) \cdot x - x_1 \cdot (ax_1^2 + bx_1 + c)}$$
$$0 \qquad ax_1^3 + bx_1^2 + cx_1 + d = 0$$

Beispiele:

1. $x^3 - 2x^2 - 9x + 18 = 0$, mögliche ganzzahlige Nullstellen sind ± 1, $\pm 2, \pm 3, \pm 6$ und ± 9 und ± 18.

	1	−2	−9	18
2	1	$2 \cdot 1 - 2 = 0$	$2 \cdot 0 - 9 = -9$	$2 \cdot (-9) + 18 = 0$, also $x_1 = 2$

$(x^3 - 2x^2 - 9x + 18) : (x - 2) = x^2 - 9 = (x + 3) \cdot (x - 3)$, daher sind $x_2 = 3$ und $x_3 = -3$ die beiden anderen Lösungen: $L = \{2, 3, -3\}$

2. $x^4 - 10x^3 + 35x^2 - 50x + 24 = 0$, mögliche ganzzahlige Nullstellen sind $\pm 1, \pm 2, \pm 3, \pm 4, \pm 6, \pm 8, \pm 12$ und ± 24. Durch direktes Probieren oder nach HORNER kann man $x_1 = 1$ und $x_2 = 2$ herausfinden, woraus $(x - 1) \cdot (x - 2) = x^2 - 3x + 2$ als Teiler des Ausgangspolynoms folgt.

$$(x^4 - 10x^3 + 35x^2 - 50x + 24) : (x^2 - 3x + 2) = x^2 - 7x + 12$$
$$\underline{x^4 - 3x^3 + 2x^2}$$
$$0 \quad -7x^3 + 33x^2 - 50x$$
$$\underline{-7x^3 + 21x^2 - 14x}$$
$$0 \quad 12x^2 - 36x + 24$$
$$\underline{12x^2 - 36x + 24}$$
$$0 \qquad 0 \qquad 0$$

Aus dem Quotienten lassen sich mittels VIETA die Lösungen $x_3 = 3$ und $x_4 = 4$ herauslesen $\Rightarrow L = \{1, 2, 3, 4\}$.

3. $x^4 + x^2 - 12 = 0$ ist eine *biquadratische Gleichung*, die durch Substitution mit $u = x^2$ zur quadratischen Gleichung $u^2 + u - 12 = 0$ wird. Diese hat (nach der pq-Formel oder VIETA) die Lösungsmenge $L = \{-4, 3\}$. Das ergibt die reinquadratischen Gleichungen $x^2 = 3$ und $x^2 =$

56

-4. In der Grundmenge $\mathbf{R}$ hat die biquadratische Gleichung daher (nur) die Lösungsmenge $L = \{\sqrt{3}, -\sqrt{3}\}$, in der Grundmenge $\mathbf{C}$ hingegen die Lösungsmenge $L = \{\sqrt{3}, -\sqrt{3}, 2i, -2i\}$.

3.3 Kreisteilungsgleichungen

Dabei handelt es sich um einen äußerst interessanten Sachverhalt im Zusammenhang mit der Lösungsmenge L von Gleichungen $x^n \pm r = 0$ mit $n \in \mathbf{N}$ und $r \in \mathbf{R}^+$ (= Menge der positiven reellen Zahlen) in der Grundmenge $G = \mathbf{C}$ (= Menge der komplexen Zahlen). Seine Erläuterung bedarf eines Vorwissens über die trigonometrische Darstellung komplexer Zahlen und über die Moivresche Formel.

3.31 Die trigonometrische Darstellung komplexer Zahlen

Analog zur Zahlengeraden für reelle Zahlen gibt es für alle komplexen Zahlen $c = a + b \cdot i$ die Möglichkeit, sie durch Punkte $C(a|b)$ in einer mit einem karthesischen Achsenkreuz Uab ausgestatteten *Gaußschen Zahlenebene* darzustellen oder durch die diesen Punkten zugehörigen Vektoren $\vec{c} = (a, b) \in V_2$ gemäß UA 1.41 (Seite 21).

Der Repräsentant $\overrightarrow{UC}$ dieses Vektors verfügt über die *Polarkoordinaten* $r = \sqrt{a^2 + b^2}$ (= Betrag von $\vec{c}$ bzw. c) und φ (= *Polarwinkel* von $\vec{c}$ bzw. c). Das ermöglicht eine Darstellung jeder komplexen Zahl c in *trigonometrischer Form* als $c = r \cdot \cos\varphi + r \cdot \sin\varphi \cdot i$ oder $c = r \cdot (\cos\varphi + i \cdot \sin\varphi)$.

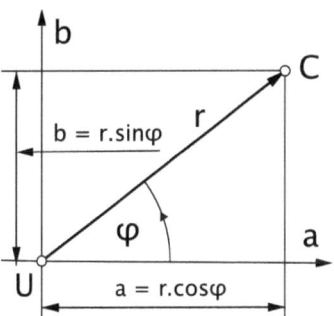

In ihr stellt mit φ auch jeder Polarwinkel $\varphi + 2k \cdot \pi$ mit $k \in \mathbf{Z}$ dieselbe komplexe Zahl dar.

An dieser Stelle ist nochmals ein kleiner Abstecher in die Strukturmathematik angebracht: Die Zahlenmenge $\mathbf{C}$ und die Vektormenge V_2 bilden nach UA 1.31 und UA 1.44 zwei additive Gruppen und alle ihre

Elemente entsprechen einander in einer bijektiven Funktion f: C →
V_2, hier wohl besser als umkehrbar eindeutige Abbildung bezeichnet,
mit der Eigenschaft: Wenn $c_1 + c_2 = c_3$, dann gilt auch die Vektorgleichung $f(c_1) + f(c_2) = f(c_3)$ und umgekehrt. Zwei Gruppen mit dieser
Eigenschaft werden als *isomorphe Gruppen* bezeichnet. Zusammen
mit der in UA 1.31 genannten Gruppe (T_2, ∘) der Schiebungen sind es
also insgesamt drei Gruppen, die paarweise zueinander isomorph sind.

3.32 Die Moivresche Formel

Die von Abraham de MOIVRE (1667 – 1754) gefundene Formel

$$(\cos\varphi + i\cdot\sin\varphi)^n = \cos(n\cdot\varphi) + i\cdot\sin(n\cdot\varphi)$$

kann durch vollständige Induktion unter Benützung der trigonometri-
schen (ersten) Summensätze $\sin(\alpha + \beta) = \sin\alpha\cdot\cos\beta + \cos\alpha\cdot\sin\beta$ und
$\cos(\alpha + \beta) = \cos\alpha\cdot\cos\beta - \sin\alpha\cdot\sin\beta$ sehr elegant bewiesen werden:

1. Die Formel gilt für n = 1, denn links und rechts vom Ist-gleich-
Zeichen steht dann derselbe Term.

2. Schluss von n auf n + 1: $(\cos\varphi + i\cdot\sin\varphi)^{n+1} = (\cos\varphi + i\cdot\sin\varphi)^n \cdot$
$(\cos\varphi + i\cdot\sin\varphi) = [\cos(n\cdot\varphi) + i\cdot\sin(n.\varphi)] \cdot (\cos\varphi + i\cdot\sin\varphi) = [\cos$
$(n\cdot\varphi)\cdot\cos\varphi + \cos(n\cdot\varphi)\cdot i\cdot\sin\varphi + i\cdot\sin(n\cdot\varphi)\cdot\cos\varphi + i\cdot\sin(n\cdot\varphi)\cdot i\cdot\sin\varphi]$
$= [\cos(n\cdot\varphi)\cdot\cos\varphi - \sin(n\cdot\varphi)\cdot\sin\varphi] + i\cdot[\sin(n\cdot\varphi)\cdot\cos\varphi + \cos(n\cdot\varphi)\cdot\sin$
$\varphi] = \cos[(n + 1)\cdot\varphi] + i\cdot\sin[(n + 1)\cdot\varphi]$

3.33 Die Lösungsmengen der Gleichungen $x^n = 1$

Nach dem Fundamentalsatz hat jede solche Gleichung in der Grundmenge **C** genau n Lösungen x_k (k = 1, 2, ..., n), und das sind alle komplexen Zahlen, für deren n-te Potenz $\cos(2k\pi) + i\cdot\sin(2k\pi) = 1$ gilt.
Nach MOIVRE sind das dann aber alle Zahlen der Gestalt

$$x_k = \cos\frac{2k\pi}{n} + i\cdot\sin\frac{2k\pi}{n}$$

Die zugeordneten Punkte X_k in der Gaußschen Zahlenebene teilen den Einheitskreis in n gleiche Teile und bilden damit die Ecken eines regelmäßigen n-Ecks.

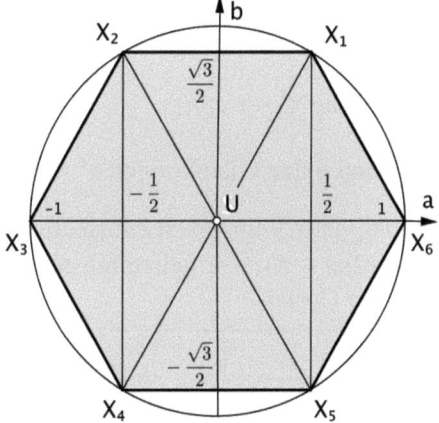

Die obige Figur zeigt das für die Gleichung $x^6 = 1$, die untere für die Gleichung $x^8 = 1$.

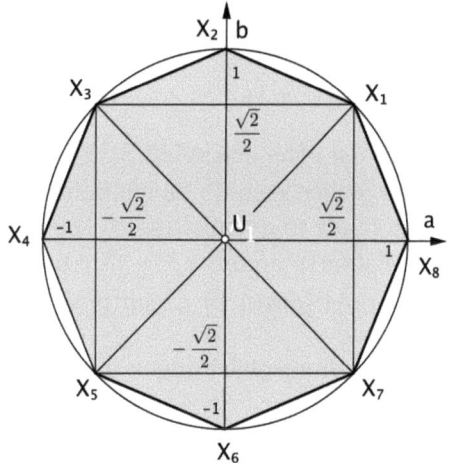

Daraus folgt für die Lösungsmenge $L_6 = \{\frac{1}{2} \cdot (1 + i \cdot \sqrt{3}, \frac{1}{2} \cdot (-1 + i \cdot \sqrt{3}), -1, \frac{1}{2} \cdot (-1 - i \cdot \sqrt{3}), \frac{1}{2} \cdot (1 - i \cdot \sqrt{3}), 1\}$ und für die Lösungsmenge $L_8 = \{\frac{\sqrt{2}}{2} \cdot (1+i), i, \frac{\sqrt{2}}{2} \cdot (-1+i), -1, \frac{\sqrt{2}}{2} \cdot (-1-i), -i, \frac{\sqrt{2}}{2} \cdot (1-i), 1\}$.

59

Mit X_3 und X_6 bzw. X_4 und X_8 stellen die beiden Figuren aber auch die Lösungsmenge $L_2 = \{-1, 1\}$ der Kreisteilungsgleichung $x^2 = 1$, die obere Figur mit X_2, X_4 und X_6 die Lösungsmenge $L_3 = \{\frac{1}{2} \cdot (-1 + i \cdot \sqrt{3}), \frac{1}{2} \cdot (-1 - i \cdot \sqrt{3}), 1\}$ der Kreisteilungsgleichung $x^3 = 1$ und die untere Figur mit X_2, X_4, X_6 und X_8 die Lösungsmenge $L_4 = \{i, -1, -i, 1\}$ der Kreisteilungsgleichung $x^4 = 1$ dar.

3.34 Die Lösungsmengen der Gleichungen $x^n = -1$

In diesem Fall sind das jene n komplexen Zahlen, für deren n-te Potenz $\cos(2k\pi - \pi) + i \cdot \sin(2k\pi - \pi) = -1$ gelten muss und nach MOIVRE sind das alle Zahlen der Gestalt

$$x_k = \cos\frac{(2k-1) \cdot \pi}{n} + i \cdot \sin\frac{(2k-1) \cdot \pi}{n}$$

Beim vorseitigen Sechseck werden die Lösungen von $x^3 = -1$ durch die Ecken X_1, X_3 und X_5 dargestellt, beim vorseitigen Achteck die Lösungen von $x^2 = -1$ durch die Ecken X_2 und X_6 sowie die Lösungen von $x^4 = -1$ durch die Ecken X_1, X_3, X_5 und X_7.

3.35 Der allgemeine Fall ($r \neq 1$)

In diesem Fall ist jede der unter den in UA 3.33 und UA 3.34 genannten Lösungen mit der reellen Zahl $\sqrt[n]{r}$ zu multiplizieren, weil deren n-te Potenz immer den in der trigonometrischen Darstellung von r bzw. $-r$ vorkommenden Faktor r ergibt: $x_i^n = [\sqrt[n]{r} \cdot (\cos\varphi + i \cdot \sin\varphi)]^n = (\sqrt[n]{r})^n \cdot (\cos\varphi + i \cdot \sin\varphi)^n = r \cdot [\cos(n \cdot \varphi) + i \cdot \sin(n \cdot \varphi)]$.

3.36 Lösen von Kreisteilungsgleichungen durch Faktorzerlegung

Kreisteilungsgleichungen lassen sich auch nach dem Fundamentalsatz durch Faktorzerlegung lösen, was hier abschließend anhand von vier **Beispielen** gezeigt wird.

1. $x^3 + 8 = 0$ hat jedenfalls die Lösung -2. Die Division $(x^3 + 8) : (x + 2)$ ergibt $x^2 - 2x + 4$ und die Gleichung $x^2 - 2x + 4 = 0$ hat die Lösungen $1 \pm i \cdot \sqrt{3} \Rightarrow L = \{1 + i \cdot \sqrt{3}, -2, 1 - i \cdot \sqrt{3}\}$

60

2. $x^3 - 27 = 0$ hat jedenfalls die Lösung 3. Die Division $(x^3 - 27) : (x - 3)$ ergibt $x^2 + 3x + 9$ und die Gleichung $x^2 + 3x + 9 = 0$ hat die Lösungen $\frac{3}{2} \cdot (-1 \pm i \cdot \sqrt{3}) \Rightarrow L = \{\frac{3}{2} \cdot (-1 + i \cdot \sqrt{3}, \frac{3}{2} \cdot (-1 - i \cdot \sqrt{3}, 3\}$

3. $x^4 - 81 = 0$: $(x^2 - 9) \cdot (x^2 + 9) = (x - 3) \cdot (x + 3) \cdot (x + 3i) \cdot (x - 3i) \Rightarrow L = \{3i, -3, -3i, 3\}$

4. $x^4 + 16 = 0$: $(x^4 + 16) = (x^4 - 16i^2) = (x^2 + 4i) \cdot (x^2 - 4i)$. Ab hier braucht man dann aber doch wieder die Trigonometrie: Aus $x^2 = 4i = 4 \cdot (\cos\frac{\pi}{2} + i \cdot \sin\frac{\pi}{2})$ folgt $x_{1,2} = \pm 2 \cdot (\cos\frac{\pi}{4} + i \cdot \sin\frac{\pi}{4}) = \pm\sqrt{2} \cdot (1 + i)$ und aus $x^2 = -4i = 4 \cdot [\cos(-\frac{\pi}{2}) + i \cdot \sin(-\frac{\pi}{2})]$ folgt $x_{3,4} = \pm 2 \cdot [\cos(-\frac{\pi}{4}) + i \cdot \sin(-\frac{\pi}{4})] = \pm\sqrt{2} \cdot (1 - i)$.

Diese Ergebnisse ermöglichen zuletzt auch noch die Zerlegung des reellen Binoms vierten Grades $x^4 + 16$ in ein Produkt von zwei reellen quadratischen Trinomen, indem die linearen Binome, welche die jeweils zueinander konjugiert komplexen Lösungen x_1 und x_3 sowie x_2 und x_4 enthalten, miteinander multipliziert werden:

$$[x - \sqrt{2} \cdot (1 + i)] \cdot [x - \sqrt{2} \cdot (1 - i)] = x^2 - 2 \cdot \sqrt{2} \cdot x + 4$$
$$[x + \sqrt{2} \cdot (1 + i)] \cdot [x + \sqrt{2} \cdot (1 - i)] = x^2 + 2 \cdot \sqrt{2} \cdot x + 4$$

3.4 Allgemeingültige und unerfüllbare Gleichungen

Nach UA 2.33 (Seite 38) handelt es sich dabei um Gleichungen, die durch Äquivalenzumformungen entweder zu einer wahren Aussage, z. B. zu $0 = 0$, oder zu einer generellen Falschaussage führen. Für erstere gilt $L = D \subseteq G$, für letztere $L = \{\ \}$. Hinsichtlich der in diesem Abschnitt behandelten Algebra könnte man sie als Gleichungen nullten Grades bezeichnen.

Beispiele:

1. $x^2 - 5 \cdot (x + 8) = x \cdot (x - 3) - 2 \cdot (x + 20) \Rightarrow x^2 - 5x - 40 = x^2 - 3x - 2x - 40 \Rightarrow 0 = 0$. Die Gleichung ist allgemeingültig, daher $L = G$.

2. $\frac{1}{x-2} = \frac{2}{x^2-2x} + \frac{1}{x} \Rightarrow x = 2 + x - 2 \Rightarrow 0 = 0$. Die Gleichung ist allgemeingültig, daher L = G \ {0, 2}

3. $\frac{x+3}{x^2-2x} + \frac{x+2}{x^2-3x} = \frac{2x}{x^2-5x+6} \Rightarrow (x + 3)\cdot(x - 3) + (x + 2)\cdot(x - 2) = 2x^2$ $\Rightarrow x^2 - 9 + x^2 - 4 = 2x^2 \Rightarrow 2x^2 - 13 = 2x^2 \Rightarrow -13 = 0$. Die Gleichung ist unerfüllbar, daher L = { }.

4. $3\cdot\sqrt{x^2 - \frac{4x}{3} + 1} = 2 - 3x \Rightarrow 9\cdot(x^2 - \frac{4x}{3} + 1) = 4 - 12x + 9x^2 \Rightarrow 9x^2 - 12x + 9 = 4 - 12x + 9x^2 \Rightarrow 5 = 0$. Die Gleichung ist unerfüllbar, daher L = { }.

Abschnitt 4:

Transzendente Gleichungen in einer Variablen

Bei diesem Thema kann aufgrund der Vielfalt an Möglichkeiten nur eine Auswahl getroffen werden, und das gilt auch auf die Vielzahl ganz unterschiedlicher Beispiele. Im Falle keine der hier ausgewiesenen Strategien zum Ziel führt kann aber stets das Newtonsche Verfahren angewendet werden, das deshalb auch in diesem Abschnitt vorgestellt wird.

4.1 Exponentialgleichungen

Das sind Gleichungen $T_1(x) = T_2(x)$, in denen mindestens ein Exponentialterm vorkommt. Weil solche Terme über $G = \mathbf{R}$ definiert sind, gilt auch $D = \mathbf{R}$ mit Ausnahme von *Wurzelexponenten*, die nicht 0 sein dürfen, wie die dafür geltende Formel belegt. Generell sind für diese Materie Kenntnisse aus der Potenzrechnung erforderlich, allen voran die beiden folgenden:

$$b^{-T(x)} = \frac{1}{b^{T(x)}} \qquad \sqrt[T(x)]{b} = b^{\frac{1}{T(x)}}$$

Hier und in den weiteren Formeln ist bereits berücksichtigt, dass bei den Gleichungen im Exponenten – mit $S(x)$ und $T(x)$ symbolisierte – Terme mit der Variablen x stehen. Bei den Umformungen kommen auch laufend die drei Formeln zum Einsatz, welche das Produkt und den Quotienten von Potenzen mit gleicher Basis sowie die Potenz einer Potenz (unten links) betreffen, als auch deren für das Rechnen mit Logarithmen geltende „Umkehrungen" (unten rechts):

$$b^{S(x)} \cdot b^{T(x)} = b^{[S(x)+T(x)]} \qquad {}^{b}\!\log[S(x) \cdot T(x)] = {}^{b}\!\log S(x) + {}^{b}\!\log T(x)$$

$$b^{S(x)} : b^{T(x)} = b^{[S(x)-T(x)]} \qquad {}^{b}\!\log[S(x) : T(x)] = {}^{b}\!\log S(x) - {}^{b}\!\log T(x)$$

$$\left(b^{S(x)}\right)^{T(x)} = b^{[S(x) \cdot T(x)]} \qquad {}^{b}\!\log[S(x)^{T(x)}] = T(x) \cdot {}^{b}\!\log S(x)$$

4.11 Umformung auf identische Basis

Wenn es gelingt, die Gleichung $T_1(x) = T_2(x)$ lösungsäquivalent so umzuformen, dass links und rechts zwei Exponentialterme mit derselben Basis auftreten, dann müssen (aufgrund der Injektivität der Exponentialfunktionen, Seite 32) die Exponenten gleich groß sein und können mithin gleichgesetzt werden.

Beispiele:

1. $2^x = \frac{16^x}{64} \Rightarrow 2^x = \frac{2^{4x}}{2^6} \Rightarrow 2^x = 2^{4x-6} \Rightarrow x = 4x - 6 \Rightarrow -3x = -6 \Rightarrow$
$x = 2 \Rightarrow L = \{2\}$. Probe: $2^2 = \frac{16^2}{64} \Rightarrow 4 = 4$.

2. $3^{x+4} + 3^x = 246 \Rightarrow 3^x \cdot 3^4 + 3^x = 246 \Rightarrow 81 \cdot 3^x + 3^x = 246 \Rightarrow 82 \cdot 3^x = 246 \Rightarrow 3^x = 3^1 \Rightarrow x = 1 \Rightarrow L = \{1\}$. Probe: $3^5 + 3 = 243 + 3 = 246$.

3. $2^{x-1} = \sqrt[x]{4}$ mit $D = \mathbf{R} \setminus \{0\} \Rightarrow 2^{x-1} = 4^{\frac{1}{x}} \Rightarrow 2^{x-1} = 2^{\frac{2}{x}} \Rightarrow x - 1 = \frac{2}{x} \Rightarrow x^2 - x - 2 = 0 \Rightarrow L = \{-1, 2\}$. Proben: $2^{-2} = 4^{-1} \Rightarrow 0{,}25 = 0{,}25$ und $2 = \sqrt{4} \Rightarrow 2 = 2$.

4.12 Umformung auf identische Exponenten

Gelingt eine lösungsäquivalente Umformung der Gleichung, sodass links und rechts Potenzen mit verschiedener Basis auftreten, die aber derselbe Exponent zur Potenz erhebt, so muss dieser Exponent 0 sein. Denn als wahre Aussage kommt für $a \neq b$ nur $a^0 = b^0 = 1$ in Frage.

Beispiele:

1. $8 \cdot 9^{x-3} + 4^{x-3} = 3^{2x-4} \Rightarrow (2^2)^{x-3} = 3^{2x-4} - 8 \cdot (3^2)^{x-3} \Rightarrow$
$2^{2x-6} = 3^2 \cdot 3^{2x-6} - 8 \cdot 3^{2x-6} \Rightarrow 2^{2x-6} = 3^{2x-6} \cdot (9 - 8) \Rightarrow 2^{2x-6} = 3^{2x-6} \Rightarrow 2x - 6 = 0 \Rightarrow L = \{3\}$. Probe: $8 \cdot 9^0 + 4^0 = 3^2 \Rightarrow 8 + 1 = 9$.

2. $3^{x+4} - 7 \cdot 3^{x+1} = 5^{x+3} - 5^{x+2} \Rightarrow 3^3 \cdot 3^{x+1} - 7 \cdot 3^{x+1} = 5^2 \cdot 5^{x+1} - 5 \cdot 5^{x+1} \Rightarrow 20 \cdot 3^{x+1} = 20 \cdot 5^{x+1} \Rightarrow x + 1 = 0 \Rightarrow L = \{-1\}$.
Probe: $27 - 7 = 25 - 5$.

64

3. $9^x - 4^x = \left(\frac{1}{2}\right)^{1-2x} \Rightarrow 3^{2x} - 2^{2x} = 2^{2x-1} \Rightarrow 3^{2x} = 2^{2x} + 2^{2x-1} \Rightarrow$

$3^{2x} = 2^{2x} \cdot (1 + 2^{-1}) \Rightarrow 3^{2x} = 2^{2x} \cdot \frac{3}{2} \Rightarrow 3^{2x-1} = 2^{2x-1} \Rightarrow 2x - 1 = 0 \Rightarrow x =$

$0,5 \Rightarrow L = \{0,5\}$. Probe: $\sqrt{9} - \sqrt{4} = \left(\frac{1}{2}\right)^0 \Rightarrow 3 - 2 = 1$

4.13 Substitution

Lässt sich eine Exponentialgleichung lösungsäquivalent so umformen, dass in ihr nur Potenzen des gleichen Exponentialterms $T(x)$ vorkommen, so lassen sich diese durch eine neue Variable $u = T(x)$ ersetzen und die Gleichung nach u auflösen. Zuletzt wird aus den u-Lösungen die jeweils zugehörige x-Lösung berechnet.

Beispiele:

1. $3^{2x} + 9 = 10 \cdot 3^x$: Substitution $u = 3^x$ führt zur quadratischen Gleichung $u^2 - 10u + 9 = 0$ mit den Lösungen $u_1 = 1$ und $u_2 = 9$. $1 = 3^0$ führt zu $x_1 = 0$ und $9 = 3^2$ führt zu $x_2 = 2 \Rightarrow L = \{0, 2\}$. Proben: $3^0 + 9$ $= 1 + 9 = 10 \cdot 3^0 = 10$ und $3^4 + 9 = 81 + 9 = 10 \cdot 3^2 = 90$.

2. $2^{2x+3} - 57 = 65 \cdot (2^x - 1) \Rightarrow 2^{2x} \cdot 2^3 - 57 = 65 \cdot 2^x - 65 \Rightarrow 8u^2 - 65u +$

$8 = 0 \Rightarrow u^2 - \frac{65}{8} \cdot u + 1 = 0 \Rightarrow u_1 = 8 = 2^3 \Rightarrow x_1 = 3, u_2 = \frac{1}{8} = 2^{-3} \Rightarrow x_2 =$

$-3 \Rightarrow L = \{3, -3\}$. Proben: $455 = 455$ und $56{,}875 = 56{,}875$.

4.14 Logarithmieren der Gleichung

Das ist unter den hier angeführten Lösungsstrategien die universellste und kann immer angewendet werden, wenn in einer Exponentialgleichung $T_1 = T_2$ auf beiden Seiten Produkte stehen bzw. sich beide Seiten zu solchen umformen lassen. Dann ermöglicht nämlich der Übergang zu $^b\log T_1 = {}^b\log T_2$ den Wegfall der Exponentialterme. Da durch das Logarithmieren jeder positiven reellen Zahl genau eine reelle Zahl zugeordnet wird und umgekehrt, ist dieser Vorgang, wie schon in UA 2.33 auf Seite 37 beispielhaft angeführt, eine Äquivalenzumformung. Wie die folgenden Beispiele zeigen kommt es in Sonderfällen auf die Basis des verwendeten Logarithmus nicht an; wo Logarithmus-Werte im Ergebnis aufscheinen ist die Verwendung von $\lg(x)$ oder $\ln(x)$ von Vorteil, weil deren Werte im Taschenrechner sofort verfügbar sind.

Beispiele:

1. Beispiel 1 aus UA 4.11: $2^x = \frac{16^x}{64} \Rightarrow {}^b\!\log(2^x) = {}^b\!\log\left(\frac{2^{4x}}{2^6}\right) \Rightarrow x.{}^b\!\log 2$
$= 4x.{}^b\!\log 2 - 6.{}^b\!\log 2 = (4x - 6).{}^b\!\log 2$. Division durch ${}^b\!\log 2$ ergibt die Gleichung $x = 4x - 6$ und damit $x_1 = 2$.

2. $9^{1-x} - \left(\frac{1}{3}\right)^{2x} = \frac{1}{7^x} \Rightarrow 3^{2-2x} - 3^{-2x} = 7^{-x} \Rightarrow 3^{-2x} \cdot (3^2 - 1) = 7^{-x}$
$\Rightarrow (-2x)\cdot\lg 3 + \lg 8 = (-x)\cdot\lg 7 \Rightarrow x\cdot\lg 7 - 2x\cdot\lg 3 = -\lg 8 \Rightarrow x\cdot(2\cdot\lg 3 -$
$\lg 7) = \lg 8 \Rightarrow x_1 = \frac{\lg 8}{2\cdot\lg 3 - \lg 7} \approx 8{,}2743$. Probe: $10^{-7} \approx 10^{-7}$.

3. $\sqrt[3-x]{3} = 0{,}57735 \Rightarrow 3^{\frac{1}{3-x}} = 0{,}57735 \Rightarrow \frac{1}{3-x}\cdot\lg 3 = \lg 0{,}57735 \Rightarrow 3 - x$
$= \frac{\lg 3}{\lg 0{,}57735} \Rightarrow 3 - x \approx -2 \Rightarrow x_1 \approx 5$. Probe: $\sqrt[-2]{3} \approx 3^{-0{,}5} \approx 0{,}57735$.

4.2 Logarithmische Gleichungen

Darunter sind alle Gleichungen zu verstehen, welche mindestens einen logarithmischen Term beinhalten. Aufgrund der großen Bandbreite werden hier nur einfache Fälle beispielhaft herausgegriffen und Lösungswege aufgezeigt.

Dabei handelt es sich durchwegs um Gleichungen, die durch Anwendung der entsprechenden Regeln so umgeformt werden können, dass auf beiden Seiten der Gleichung ein *Delogarithmieren*, also ein Übergang zu den entsprechenden Numeri möglich ist. Dabei kann es sich um Gleichungen handeln, die für Logarithmen jedweder Basis gelten sollen, wie auch um solche, die nur auf Logarithmen einer bestimmten Basis zugeschnitten sind.

Da Logarithmen nur für positive Numeri definiert sind, gehört zu jeder logarithmischen Gleichung eine Definitionsmenge als echte Teilmenge der Grundmenge $G = \mathbf{R}$. Nicht definierte Lösungen lassen sich

66

aber auch durch ein konsequentes Durchführen von Proben ausschließen. Im Falle keine spezielle Basis angesprochen ist können Proben z. B. mit dem natürlichen oder dem dekadischen Logarithmus durchgeführt werden.

Beispiele:

1. $^b\log(x+5) + {}^b\log(x-2) = 2{\cdot}^b\log(x+1) \Rightarrow {}^b\log[(x+5){\cdot}(x-2)] = {}^b\log[(x+1)^2] \Rightarrow (x+5){\cdot}(x-2) = (x+1)^2 \Rightarrow x^2 + 3x - 10 = x^2 + 2x + 1 \Rightarrow x = 11$. Wegen $D = \{x \in \mathbf{R} \,/\, x > 2\}$ gilt $L = \{11\}$. Probe für $b = 10$: $\lg 16 + \lg 9 = 2{\cdot}\lg 12 \Rightarrow 1{,}204... + 0{,}954... = 2{\cdot}1{,}079... \Rightarrow 2{,}158... = 2{,}158...$ Die Probe ist aber auch „allgemein" wie folgt möglich: $^b\log 16 + {}^b\log 9 = 2{\cdot}^b\log 12 = {}^b\log(12^2) = {}^b\log 144 = {}^b\log(16{\cdot}9) = {}^b\log 16 + {}^b\log 9$.

2. $^2\log(7x+2) - {}^2\log(5x-8) = 3$: Wegen $2^3 = 8$ ist $3 = {}^2\log 8$, daher folgt aus der Angabe $^2\log\frac{7x+2}{5x-8} = {}^2\log 8 \Rightarrow \frac{7x+2}{5x-8} = 8 \Rightarrow 7x + 2 = 8{\cdot}(5x - 8) \Rightarrow 66 = 33x \Rightarrow x = 2$. Probe: $^2\log 16 - {}^2\log 2 = 4 - 1 = 3 \Rightarrow L = \{2\}$.

3. $0{,}5{\cdot}^5\log(5x+1) + {}^5\log\sqrt{x+3} = 0{,}5 + {}^5\log\sqrt{x^2+7}$: Wegen $5^{0,5} = \sqrt{5}$ ist $0{,}5 = {}^5\log\sqrt{5}$. Daraus folgt $^5\log[(5x+1)^{0,5} \cdot \sqrt{x+3}] = {}^5\log\sqrt{5} + {}^5\log\sqrt{x^2+7} \Rightarrow {}^5\log\sqrt{(5x+1)\cdot(x+3)} = {}^5\log\sqrt{5\cdot(x^2+7)} \Rightarrow 5x^2 + 16x + 3 = 5x^2 + 35 \Rightarrow 16x = 32 \Rightarrow x = 2$. Probe: $0{,}5{\cdot}^5\log 11 + {}^5\log\sqrt{5} = 0{,}5 + {}^5\log\sqrt{11} \Rightarrow {}^5\log\sqrt{11} + 0{,}5 = 0{,}5 + {}^5\log\sqrt{11} \Rightarrow L = \{2\}$.

4.3 Goniometrische Gleichungen

Goniometrische oder auch *trigonometrische Gleichungen* sind solche, in denen die Variable im Argument von Winkelfunktionen vorkommt. Im Mathematikunterricht an Höheren Schulen treten solche Gleichungen vor allem im Zuge von Kurvendiskussionen bei Winkelfunktionen auf. Daher ist eine Behandlung an dieser Stelle wohl gerechtfertigt, muss sich wegen der Vielzahl an Problemstellungen aber auch auf einfache Aufgaben beschränken.

Aufgrund der Periodizität der Winkelfunktionen ist es angebracht, die Grundmenge auf jene reellen Zahlen einzuschränken, die zwischen 0 und 2π liegen: $G = \{x \in \mathbf{R} \: / \: 0 \leq x < 2\pi\}$. Aus G sind gegebenenfalls jene Stellen auszuschließen, für welche die Gleichung nicht definiert ist, also z. B. die Polstellen $\pi/2$ und $3\pi/2$ der Tangensfunktion, wie bereits auf Seite 33 angegeben.

In aller Regel ist eine Umformung der Angabegleichung erforderlich, z. B. um sie hinsichtlich der Funktionen oder Argumente zu vereinheitlichen, wofür die folgenden Formeln von Nutzen sein können. (Die beiden unteren ergeben sich aus den Summensätzen, die bereits auf Seite 58 genannt worden sind.)

$\sin^2(x) + \cos^2(x) = 1$	$\tan(x) = \dfrac{\sin(x)}{\cos(x)} = \dfrac{1}{\cot(x)}$
$\sin(2x) = 2 \cdot \sin(x) \cdot \cos(x)$	$\cos(2x) = \cos^2(x) - \sin^2(x)$

Beispiele:

1. Die zwei in G liegenden Lösungen der Gleichung $\sin(x) = \cos(x)$ sollten bekannt sein, weil beide Funktionen bei $\pi/4$ den Wert $\frac{\sqrt{2}}{2}$ und bei $5\pi/4$ den Wert $-\frac{\sqrt{2}}{2}$ annehmen: $L = \{\pi/4, 5\pi/4\}$. Dividiert man die Ausgangsgleichung durch $\cos(x)$, so kommt $\tan(x) = 1$, was ebenfalls zum bereits genannten Ergebnis führt.

2. $\sin(x) + \sin(2x) = 0 \Rightarrow \sin(x) + 2 \cdot \sin(x) \cdot \cos(x) = 0 \Rightarrow \sin(x) \cdot [1 + 2 \cdot \cos(x)] = 0$. Aus $\sin(x) = 0$ folgt $x_1 = 0$ und $x_2 = \pi$, aus $1 + 2 \cdot \cos(x) = 0$ folgt $\cos(x) = -\frac{1}{2}$ und damit $x_3 = 2\pi/3$ und $x_4 = 4\pi/3$. Die Probe ergibt wegen $\sin(0) = \sin(\pi) = \sin(2\pi) = 0$ und wegen $\sin(2\pi/3) = \frac{\sqrt{3}}{2}$ und $\sin(4\pi/3) = -\frac{\sqrt{3}}{2}$ für alle vier Lösungen $0 = 0$.

3. $2 \cdot \sin(x) = \tan(x)$ mit $D = G \setminus \{\pi/2, 3\pi/2\} \Rightarrow 2 \cdot \sin(x) - \tan(x) = 0$ $\Rightarrow 2 \cdot \sin(x) - \frac{\sin(x)}{\cos(x)} = 0 \Rightarrow \sin(x) \cdot [2 - \frac{1}{\cos(x)}] = 0$. Aus $\sin(x) = 0$ folgt

68

$x_1 = 0$ und $x_2 = \pi$, aus $\cos(x) = \frac{1}{2}$ folgt $x_3 = \pi/3$ und $x_4 = 5\pi/3$. Proben: $0 = 0$, $\sqrt{3} = \sqrt{3}$, $-\sqrt{3} = -\sqrt{3}$.

4. $\sin(x) = \cos(2x) \Rightarrow \sin(x) = \cos^2(x) - \sin^2(x) \Rightarrow \sin(x) = 1 - \sin^2(x) - \sin^2(x) \Rightarrow 2\cdot\sin^2(x) + \sin(x) - 1 = 0$. Substitution $\sin(x) = u$ ergibt $2u^2 + u - 1 = 0$ bzw. $u^2 + \frac{u}{2} - \frac{1}{2} = 0$ und nach der pq-Formel $u_1 = \frac{1}{2}$ ($\Rightarrow x_1 = \pi/6$ und $x_2 = 5\pi/6$) und $u_2 = -1$ ($\Rightarrow x_3 = 3\pi/2$) $\Rightarrow L = \{\pi/6, 5\pi/6, 3\pi/2\}$. Proben: $\frac{1}{2} = \frac{1}{2}$ und $-1 = -1$.

5. $\sin(x) + \cot(x) = \frac{1}{\sin(x)}$ mit $D = G \setminus \{0, \pi\} \Rightarrow \sin(x) + \frac{\cos(x)}{\sin(x)} = \frac{1}{\sin(x)}$ $\Rightarrow \sin^2(x) + \cos(x) = 1 \Rightarrow 1 - \cos^2(x) + \cos(x) = 1 \Rightarrow \cos(x)\cdot[1 - \cos(x)] = 0$. Aus $\cos(x) = 0$ folgt $x_1 = \pi/2$ und $x_2 = 3\pi/2$, die Lösungen von $\cos(x) = 1$ gehören nicht der Definitionsmenge an $\Rightarrow L = \{\pi/2, 3\pi/2\}$. Proben: $1 + 0 = 1$ und $-1 + 0 = -1$.

6. $[\sin(x) + \cos(x)]^2 = \cos(2x) \Rightarrow \sin^2(x) + 2\cdot\sin(x)\cdot\cos(x) + \cos^2(x) = \cos^2(x) - \sin^2(x) \Rightarrow 2\cdot\sin^2(x) + 2\cdot\sin(x)\cdot\cos(x) = 0 \Rightarrow \sin(x).[\sin(x) + \cos(x)] = 0$. Aus $\sin(x) = 0$ folgt $x_1 = 0$ und $x_2 = \pi$, aus $\sin(x) + \cos(x) = 0$ folgt $\sin(x) = -\cos(x)$ bzw. $\frac{\sin(x)}{\cos(x)} = \tan(x) = -1$ mit den Lösungen $x_3 = 3\pi/4$ und $x_4 = 7\pi/4$, daher $L = \{0, 3\pi/4, \pi, 7\pi/4\}$. Proben: $1 = 1$ und $0 = 0$.

4.4 Das Newtonsche Näherungsverfahren

Dieses nach dem wohl berühmtesten englischen Wissenschafter Isaak NEWTON (1643 – 1727) benannte Verfahren ermöglicht eine dem genauen Zahlenwert beliebig nahe kommende Berechnung von Lösungen einer Gleichung $T(x) = 0$ als Nullstellen der durch die Gleichung $y = T(x)$ definieren zugehörigen Funktion f mit Methoden der Differentialrechnung. Dieses Verfahren ist daher kein algebraisches, darf in einem Lehrgang, bei dem das Auflösen von Gleichungen eine zentrale Rolle spielt, aber trotzdem nicht unerwähnt bleiben. Denn es führt in dieser Hinsicht auch dort zu brauchbaren Ergebnissen, wo die algebraischen Strategien versagen.

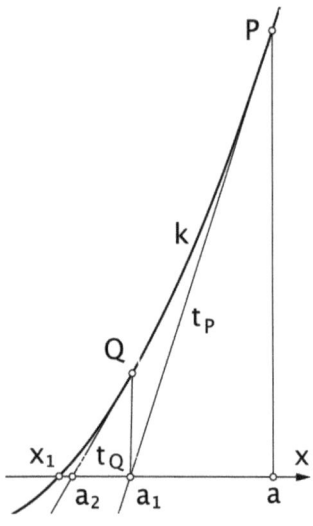

Der Grundgedanke besteht darin, die Nullstellen a_1, a_2, ... von Tangenten an die Funktionskurve zu berechnen, welche an eine Nullstelle x_1 der Funktion f immer näher heranrücken. Jede Tangentengleichung $y = k \cdot x + d$ muss erstens die Koordinaten des Berührpunktes erfüllen und zweitens hinsichtlich der Steigung k mit der Kurvensteigung im Berührpunkt übereinstimmen. Diese lässt sich bekanntlich als Funktionswert der 1. Ableitung $y' = T'(x)$ der Funktion f an der betreffenden Stelle berechnen.

Beginnt man etwa mit einem Anfangswert a, so ist a_1 die Nullstelle der Tangente t_P im Punkt $P[a|T(a)]$. Für die Gleichung $y = k \cdot x + d$ dieser Tangente muss $T(a) = k \cdot a + d$ gelten, woraus sich durch Subtraktion $y - T(a) = k \cdot x - k \cdot a = k \cdot (x - a)$ und für die Nullstelle a_1 daher die Gleichung $0 - T(a) = k \cdot (a_1 - a)$ ergibt. Darin ist $k = T'(a)$, mithin $a_1 - a = -\dfrac{T(a)}{T'(a)}$ und zuletzt

$$a_1 = a - \frac{T(a)}{T'(a)}$$

Es liegt wohl auf der Hand, dass dieses Verfahren beliebig oft wiederholt werden kann: Mit a_1 anstelle von a ergibt sich der Wert a_2, mit a_2 anstelle von a_1 der Wert a_3 und so weiter und so fort. Für die Wahl des Anfangswertes a empfiehlt es sich, zumindest eine grobe Skizze hinsichtlich des Kurvenverlaufes anzufertigen oder diesen Wert zwischen zwei Stellen zu wählen, an denen die zugehörigen Funktionswerte verschiedene Vorzeichen haben.

Beispiele:

1. Die Gleichung $x^3 - 2x - 5 = 0$ hat nur eine reelle Lösung, weil $y = x^3 - 2x - 5$ erst zwischen 2 und 3 das Vorzeichen von $-$ auf $+$ wechselt.

70

Vorteilhaft ist es, eine Tabelle der folgenden Art anzufertigen:

	$T(x) = x^3 - 2x - 5$	$T'(x) = 3x^2 - 2$	$T(x) : T'(x)$
2	-1	10	$-0,1$
2,1	0,061	11,23	$\approx 0,005432$
2,094568	$\approx 0,000184$	$\approx 11,161645$	$\approx 0,000016$

In dritter Näherung gilt für die Lösung $x_1 \approx 2,094552$. Die Probe ergibt einen Fehler von $\approx 6 \cdot 10^{-6}$.

2. $\ln(x) + x = 0$: Die um den jeweiligen x-Wert überhöhte Kurve des natürlichen Logarithmus rechtfertigt es, mit a = 0,5 zu beginnen.

	$T(x) = \ln(x) + x$	$T'(x) = x^{-1} + 1$	$T(x) : T'(x)$
0,5	$\approx -0,193147$	3	$\approx -0,064382$
0,564382	$\approx -0,007642$	$\approx 2,771850$	$\approx -0,002757$
0,567139	$\approx -0,000012$	$\approx 2,763236$	$\approx -0,000004$

In dritter Näherung gilt für die Lösung $x_1 \approx 0,567143$. Die Probe ergibt einen Fehler von $\approx 8 \cdot 10^{-7}$.

3. $2 \cdot \sin(x) - x = 0$: Die auf der nächsten Seite dargestellte Funktionskurve von $y = 2 \cdot \sin(x) - x$ geht aus der um den Faktor 2 an der x-Achse affin gestreckten Sinuslinie dadurch hervor, dass von deren jeweiligen Funktionswerten die Werte der zugehörigen Stellen abgezogen werden. Sie kommt daher von links oben und führt nach rechts unten, wobei sie die x-Achse dreimal schneidet, darunter im Symmetriezentrum der Kurve U(0|0). Die rechte Nullstelle x_1 muss sich wegen $T(\pi/2) = 2 - \pi/2 > 0$ und $T(\pi) = -\pi < 0$ jedenfalls rechts von $\pi/2$ befinden, was den Anfangswert a = 2 nahelegt.

	$T(x) = 2 \cdot \sin(x) - x$	$T'(x) = 2 \cdot \cos(x) - 1$	$T(x) : T'(x)$
2	$\approx -0,181405$	$\approx -1,832294$	$\approx 0,099004$
1,900996	$\approx -0,009041$	$\approx -1,648464$	$\approx 0,005484$
1,895512	$\approx -0,000029$	$\approx -1,638079$	$\approx 0,000018$

In dritter Näherung gilt für die Lösung $x_1 \approx 1,895494$, was für die negative Lösung $x_2 \approx -1,895494$ zur Folge hat. Die Probe ergibt einen Fehler von $\approx 4 \cdot 10^{-7}$.

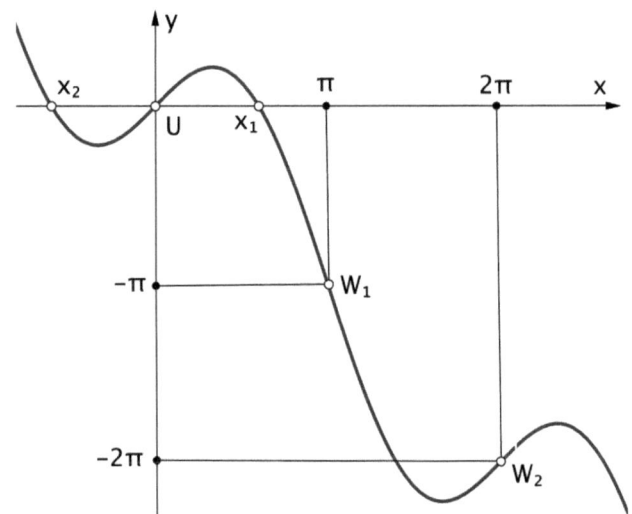

Abschnitt 5:

Gleichungen in mehreren Variablen

Dieses Thema ist in Abschnitt 2 bereits angesprochen und ab Seite 42 hinsichtlich der linearen Gleichungen in zwei Variablen vulgo Geradengleichungen ausgiebig beleuchtet worden. Nun werden vornehmlich die quadratischen Gleichungen in zwei Variablen sowie die linearen und quadratischen Gleichungen in drei Variablen abgehandelt und die Grundmengen auf $G = \mathbf{R} \times \mathbf{R}$ bzw. $G = \mathbf{R} \times \mathbf{R} \times \mathbf{R}$ eingegrenzt. Dem Gesamtkomplex habe ich in meinen zwei Büchern „Im Reich der Geometrie", vor allem hinsichtlich seiner geometrischen Bedeutung, viel Platz eingeräumt.

5.1 Gleichungen in zwei Variablen

Unter diesem Titel sind zunächst alle als Bestimmungsgleichungen aufzufassenden Funktionsgleichungen $y = T(x)$ angesprochen, deren Lösungsmengen aus unendlich vielen Zahlenpaaren (x_i, y_i) bestehen; die zugehörigen Punkte $P(x_i|y_i)$ bilden den Funktionsgraphen bzw. die Funktionskurve. Darüber hinaus sind darunter aber alle Gleichungen der Gestalt $T(x, y) = 0$ zu verstehen, in denen $T(x, y)$ irgend ein Term in zwei Variablen ist. Die für Funktionsgleichungen, ihre Lösungsmengen und deren geometrische Bedeutung bestehenden Sachverhalte gelten analog.

Besteht der Term $T(x, y)$ nur aus Summanden der Gestalt $a \cdot x^m \cdot y^n$ mit $a \in \mathbf{R}$ und $(m, n) \in \mathbf{N_0} \times \mathbf{N_0}$, so handelt es sich um eine *algebraische Gleichung in zwei Variablen*; die höchste darin vorkommende Summe $m + n$ wird als *Grad* einer solchen Gleichung bezeichnet. Tritt kein Absolutglied auf, so handelt es sich um eine *homogene Gleichung*.

5.11 Lineare Gleichungen in zwei Variablen

Eine lineare Gleichung $ax + by + c = 0$ ist für $c \neq 0$ inhomogen und für $c = 0$ homogen. Die Lösungsmenge homogener Gleichungen kann mit $L = \{(x, y) \,/\, x = b{\cdot}t\,,\, y = -a{\cdot}t,\, t \in \mathbf{R}\}$ sofort angegeben werden, weil die homogene Gleichung wegen $a{\cdot}(b{\cdot}t) + b{\cdot}(-a{\cdot}t) = a{\cdot}b{\cdot}t - a{\cdot}b{\cdot}t = 0$ durch alle diese Zahlenpaare erfüllt ist.

Hat eine inhomogene Gleichung $ax + by + c = 0$ die Einzellösung (x_0, y_0), so gilt $ax_0 + by_0 + c = 0$. Durch Subtraktion entsteht daraus die Aussage $a{\cdot}(x - x_0) + b{\cdot}(y - y_0) = 0$, was zusammen mit der Aussage für homogene Gleichungen $x - x_0 = b{\cdot}t$ und $y - y_0 = -a{\cdot}t$ oder

$$x = x_0 + b{\cdot}t \text{ und } y = y_0 - a{\cdot}t$$

ergibt. In Worten: Die Lösungen einer linearen Gleichung in zwei Variablen setzen sich additiv zusammen aus irgendeiner Lösung (x_0, y_0) der inhomogenen Gleichung und der allgemeinen Lösung $(b{\cdot}t, -a{\cdot}t)$ der zugehörigen homogenen Gleichung.

Man beachte die Übereinstimmung dieses auf rein algebraischem Weg gewonnenen Ergebnisses mit dem Inhalt von Abschn. 2.4, insbesondere der Parameterform einer Geradengleichung und Beispiel 2 auf Seite 45 sowie der Tatsache, dass (a, b) immer ein Normalvektor und $(b, -a)$ immer ein Richtungsvektor der durch ihre allgemeine Koordinatenform (Hauptform) festgelegten Geraden ist.

5.12 Einparametrige Lösungsmengen

So nennt man alle unendlichen Lösungsmengen, die sich durch einen Parameter, welcher entweder alle Werte aus $\mathbf{R}$ oder aus einer Teilmenge von $\mathbf{R}$ annehmen kann, beschreiben lassen. Das trifft im Prinzip auf alle Gleichungen in zwei Variablen zu, wenngleich sich das nur bei allen linearen Gleichungen so anschaulich darstellen lässt.

Bei Funktionsgleichungen kann man allerdings immer $x = t$ setzen, woraus dann $y = T(t)$ folgt. Gegebenenfalls kann aber auch die Alternative Sinn machen, wenn sich nämlich eine Gleichung $T(x, y) = 0$ lösungsäquivalent explizit bezüglich x umformen lässt. Als Beispiel sei hier die Gleichung $x{\cdot}y - 1 = 0$ erwähnt; deren Lösungsmenge sich als $L = \{(x, y) \,/\, x = t, y = t^{-1}, t \in (\mathbf{R} \setminus \{0\})\}$, aber auch als $L = \{(x, y) \,/\, x = t^{-1}, y = t, t \in (\mathbf{R} \setminus \{0\})\}$ beschreiben lässt. Die zugehörige Kurve

74

ist eine gleichseitige Hyperbel, deren Asymptoten mit den beiden Koordinatenachsen übereinstimmen, wie schon auf Seite 31 vermerkt worden ist.

Auch die Lösungsmenge der Gleichung $x^2 + y^2 - r^2 = 0$ in Polarkoordinaten (Seite 57) ist ein schönes Beispiel für eine Parameterdarstellung: $L = \{(x, y) / x = r \cdot \sin(t), y = r \cdot \cos(t), 0 \le t < 2\pi\}$.

Es belegt, dass diese bei algebraischen Gleichungen sehr wohl auch transzendent sein kann. Die zugehörige Kurve ist ein Kreis mit dem Mittelpunkt $M(0|0)$ und dem Radius r als unmittelbare Folge des Pythagoräischen Lehrsatzes, wie die nebenstehende Zeichnung veranschaulicht.

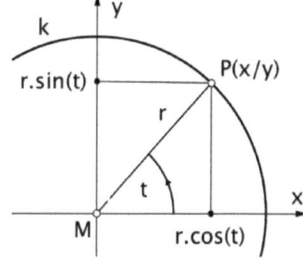

5.13 Quadratische Gleichungen in zwei Variablen

Traditionellerweise werden die Koeffizienten einer quadratischen Gleichung in zwei Variablen durch Großbuchstaben symbolisiert, wohl um eine Unterscheidung zu den bei Ellipsen und Hyperbeln auftretenden Werten a und b zu gewährleisten:

$$A \cdot x^2 + B \cdot xy + C \cdot y^2 + D \cdot x + E \cdot y + F = 0$$

Wie auch im Linearfall ist es unvermeidbar, umgehend auf die geometrische Deutung (und Bedeutung) der quadratischen Gleichungen in zwei Variablen zu sprechen zu kommen. Den einparametrigen Lösungsmengen dieser Gleichungen entsprechen Punkte, die zusammen eine *Kurve zweiter Ordnung* erfüllen, das sind die *Ellipsen* (einschließlich der Kreise), die *Parabeln* und die *Hyperbeln*, welche zusammen als (eigentliche) *Kegelschnitte* bezeichnet werden, weil sie als ebene Schnitte auf Drehkegeln auftreten. Beispiele dazu sind bereits auf Seite 30 (Parabeln) sowie in UA 5.12 (gleichseitige Hyperbel und Kreis) vorgekommen. Als Sonderfälle kommen da noch die *zerfallenden Kurven* zweiter Ordnung hinzu, nämlich zwei einander in einem endlichen Punkt (M oder S) schneidende, zwei parallele oder

75

zwei zusammenfallende Gerade (*Doppelgerade*). Die Sonderfälle erklären sich daraus, dass ein quadratisches Polynom in zwei Variablen das Produkt zweier linearen Polynome $(a_1x + b_1y + c_1) \cdot (a_2x + b_2y + c_2)$ sein kann, wie das ja auch bei quadratischen Polynomen in einer Variablen möglich ist.

Ellipsen und Hyperbeln besitzen einen Mittelpunkt M als Symmetriezentrum und zwei aufeinander normal stehende Symmetrieachsen. Die vier bzw. zwei reellen Kurvenpunkte auf diesen werden als *Kurvenscheitel* – nicht zu verwechseln mit Hoch- und Tiefpunkten einer Funktionskurve – bezeichnet. Parabeln besitzen nur <u>eine</u> Symmetrieachse und <u>einen</u> Scheitelpunkt S.

In der allgemeinen Gleichung kommt es, wie auch bei der Hauptform der Geradengleichungen, nur auf das Verhältnis A : B : C : D : E : F an, was darauf hinweist, dass ein Kegelschnitt durch fünf Punkte eindeutig bestimmt ist. (Begründung: Lineare Algebra, Abschnitt 6.1.) Durch eine Drehung kann jeder Kegelschnitt in eine bezüglich Uxy achsenparallele Lage gebracht werden; bei der entsprechenden Koordinatentransformation wird B = 0. Eine zusätzliche Translation, bei welcher die Punkte M bzw. S in den Koordinatenursprung gelangen, bringt die Kegelschnitte dann in deren *Hauptlage*, was bei den Ellipsen und Hyperbeln auch das Verschwinden von D und E und bei den Parabeln das Verschwinden von A, E und F oder C, D und F in der allgemeinen Gleichung zur Folge hat.

5.14 Ellipsen und Hyperbeln in Hauptlage

Die folgende Gleichung (*Abschnittsform*) gilt mit dem Plus für Ellipsen mit a > b und mit dem Minus für Hyperbeln in 1. Hauptlage; bei den Ellipsengleichungen ergibt sich für a = b = r die Kreisgleichung.

$$\frac{x^2}{a^2} \pm \frac{y^2}{b^2} = 1$$

Das Nullsetzen einer Variablen führt zu den Kurvenscheiteln A(–a|0) und B(a|0) auf der x-Achse, bei der Ellipse als *Hauptscheitel* und bei der Hyperbel als *reelle Scheitel* bezeichnet. C(0|–b) und D(0|b) auf

76

der y-Achse sind bei der Ellipse deren *Nebenscheitel* und bei der Hyperbel die reellen Vertreter ihrer *imaginären Scheitel*, welche keine Kurvenpunkte sind.

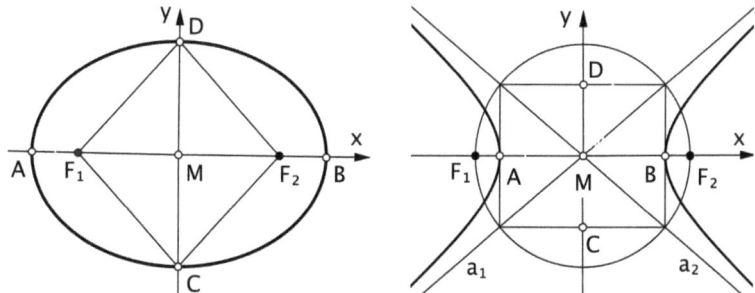

Die *Ortsliniendefinition* für Ellipse und Hyperbel besagt, dass auf diesen Kurven alle Punkte P(x|y) liegen, die von zwei festen *Brennpunkten* F_1 und F_2 eine konstante Abstandssumme $\overline{F_1P} + \overline{F_2P} = 2a$ bzw. eine konstante Abstandsdifferenz $|\overline{F_1P} - \overline{F_2P}| = 2a$ besitzen. Für die Punkte $F_1(-e|0)$ und $F_2(e|0)$ ergibt das mit $e^2 = a^2 - b^2$ über den Ansatz $\sqrt{(x-e)^2 + y^2} + \sqrt{(x+e)^2 + y^2} = 2a$ die Ellipsengleichung und mit der Beziehung $e^2 = a^2 + b^2$ über den Ansatz $\sqrt{(x-e)^2 + y^2} - \sqrt{(x+e)^2 + y^2} = 2a$ die Hyperbelgleichung. In der linken Zeichnung hat der mittlere Rhombus die Seitenlänge a und in der rechten Zeichnung ist e der Kreisradius. Die Geraden a_1 und a_2 sind die Asymptoten mit den Gleichungen $y = \pm\frac{b}{a} \cdot x$.

Tauschen in den zur 1. Hauptlage gehörigen Gleichungen die Variablen x und y die Plätze, so bedeutet das für die zugehörigen Kurven eine Spiegelung an der ersten Mediane und sie gelangen dadurch in 2. Hauptlage, wo sich dann die Hauptscheitel bzw. die reellen Scheitel und die Brennpunkte auf der y-Achse befinden.

$y = \pm\frac{b}{a} \cdot \sqrt{a^2 - x^2}$ für $\|x\| \leq a$	$y = \pm\frac{b}{a} \cdot \sqrt{x^2 - a^2}$ für $\|x\| \geq a$
$y = \pm\frac{a}{b} \cdot \sqrt{b^2 - x^2}$ für $\|x\| \leq b$	$y = \pm\frac{a}{b} \cdot \sqrt{b^2 + x^2}$ für $x \in \mathbf{R}$

Umformungen mit dem Ziel, die Variable y auf der linken Seite zu isolieren, führen zu den insgesamt acht Funktionsgleichungen (Wurzelgleichungen), die auf der Vorseite angegeben sind und aus denen sich beliebig viele Einzellösungen gewinnen lassen. Die positiven y-Werte betreffen die obere Halbellipse bzw. Halbhyperbel und die negativen y-Werte die jeweils untere.

Aus jeder Gleichung $A \cdot x^2 + C \cdot y^2 + F = 0$ (mit $A \neq 0$, $C \neq 0$ und $F \neq 0$) lässt sich der zugehörige Kegelschnitt durch eine Umformung ermitteln, nach der das Absolutglied 1 auf der rechten Seite steht. So folgt z. B. aus $25x^2 - 9y^2 + 225 = 0$ die Gleichung $\frac{y^2}{25} - \frac{x^2}{9} = 1$. Demnach handelt es sich um eine Hyperbel in 2. Hauptlage mit $a = 5$, $b = 3$ und den Funktionsgleichungen $y = \pm \frac{5}{3} \cdot \sqrt{9 + x^2}$. Daraus ergeben sich z. B. für $x = \pm 4$ die y-Werte $\pm 8\frac{1}{3}$.

5.15 Parabeln in Hauptlage

Hinsichtlich der Parabeln beschreibt die linke Gleichung eine solche mit dem *Brennpunkt* $F(\frac{p}{2}|0)$ und der *Leitlinie* l mit der Gleichung $x = -\frac{p}{2}$. Sie folgt direkt aus der *Ortsliniendefinition* $\overline{FP} = \overline{lP}$ mit $P(x|y)$, indem die Gleichung $\sqrt{\left(x - \frac{p}{2}\right)^2 + y^2} = x + \frac{p}{2}$ quadriert wird.

$y^2 = 2p \cdot x$	$x^2 = 2p \cdot y$

Tauschen in der linken Gleichung x und y die Plätze, so entsteht (rechts) die Gleichung aller Parabeln in Hauptlage, deren Symmetrieachse die y-Achse ist. Die (volle) Parabel auf Seite 30 belegt das für $p = 1$. Alle Lösungen der Gleichung $y^2 = 2p \cdot x$ ergeben sich aus der Formel $y = \pm\sqrt{2p \cdot x}$, und zwar bei positivem p für alle $x \geq 0$ ($\Rightarrow$ Parabel nach rechts offen) und bei negativem p für alle $x \leq 0$ ($\Rightarrow$ Parabel nach links offen). Für $x^2 = 2p \cdot y$ stehen alle Lösungen in der Wertetabelle der Funktionsgleichung $y = \frac{x^2}{2p}$ mit $D = \mathbf{R}$. Die Kurve ist nach oben offen für $p > 0$ und nach unten offen für $p < 0$.

78

5.16 Kreise in allgemeiner Lage

Kreisgleichungen zeichnen sich generell durch $B = 0$ aus, weil sie immer ein Paar zu den Koordinatenachsen paralleler Durchmesser besitzen. Sie können daher immer durch eine Translation, deren Schubvektor den Mittelpunkt $M(u|v)$ in den Ursprung $U(0|0)$ überführt, in Hauptlage gebracht werden. Umgekehrt bringt der Schubvektor $\vec{m} = (u, v)$ jeden Kreis aus der Hauptlage in eine Lage mit dem Mittelpunkt $M(u|v)$ und jeder Kreispunkt $P(x|y)$ mit den Koordinaten $x = r \cdot \sin(t)$ und $y = r \cdot \cos(t)$ geht daher zufolge der Vektoraddition $\vec{p} + \vec{m}$ in einen Punkt mit den Koordinaten $x = r \cdot \sin(t) + u$ und $y = r \cdot \cos(t) + v$ über. Damit ist bereits eine Parameterdarstellung aller Kreise der Zeichenebene gefunden.

Formen wir diese auf $x - u = r \cdot \sin(t)$ und $y - v = r \cdot \cos(t)$ um, so ergibt die Summe $(x - u)^2 + (y - v)^2 = r^2 \cdot \sin^2(t) + r^2 \cdot \cos^2(t) = r^2 \cdot [\sin^2(t) + \cos^2(t)] = r^2$, weil die in der eckigen Klammer stehende Summe bekanntlich den Wert 1 besitzt.

$$(x - u)^2 + (y - v)^2 = r^2$$

Daraus ergibt sich $x^2 - 2ux + u^2 + y^2 - 2vy + v^2 - r^2 = 0$, was hinsichtlich der Koeffizienten der allgemeinen quadratischen Gleichung in zwei Variablen $A = C$, $D = A \cdot (-2u)$, $E = A \cdot (-2v)$ und $F = A \cdot (u^2 + v^2 - r^2)$ bedeutet.

5.2 Gleichungen in drei Variablen

Zu jeder Gleichung in drei Variablen x, y und z gibt es eine geometrische Deutung in dem Sinn, als jeder ihrer Lösungen (x_i, y_i, z_i) ein Punkt $P(x_i|y_i|z_i)$ im dreidimensionalen Raum R_3 bezüglich eines Achsenkreuzes Uxyz (Seite 81) entspricht. Solche Gleichungen besitzen immer eine *zweiparametrige Lösungsmenge*, die sich also grundsätzlich durch zwei Parameter s und t als Platzhalter für reelle Zahlen darstellen lässt. Dies kann vor allem anhand der linearen Gleichungen in drei Variablen sowohl algebraisch wie auch geometrisch mit Hilfe der Vektorrechnung verdeutlicht werden.

5.21 Lineare Gleichungen in drei Variablen

Eine lineare Gleichung $ax + by + cz + d = 0$ ist für $d \neq 0$ inhomogen und für $d = 0$ homogen. Es soll zunächst gezeigt werden, dass der für lineare Gleichungen in zwei Variablen auf Seite 74 abgeleitete Sachverhalt auch für lineare Gleichungen in drei Variablen gilt, nämlich dass sich deren Lösungen additiv zusammensetzen aus irgendeiner Lösung (x_0, y_0, z_0) der inhomogenen Gleichung und der allgemeinen Lösung der zugehörigen homogenen Gleichung.

Formt man die homogene Gleichung in eine explizite Form hinsichtlich der Variablen z um und setzt man in der Funktionsgleichung $z = -\frac{a}{c} \cdot x - \frac{b}{c} \cdot y$ für $x = c \cdot s$ und für $y = c \cdot t$ ein, so ergibt sich $z = -a \cdot s - b \cdot t$ und das Tripel $(c \cdot s, c \cdot t, -a \cdot s - b \cdot t)$ steht als allgemeine Lösung der homogenen Gleichung zur Verfügung. Probe: $a \cdot (c \cdot s) + b \cdot (c \cdot t) + c \cdot (-a \cdot s - b \cdot t) = a \cdot c \cdot s + b \cdot c \cdot t - a \cdot c \cdot s - b \cdot c \cdot t = 0$.

Für $a = 0$ kommt an erster Stelle der allgemeinen Lösung der Parameter s, weil die Gleichung dann für jedes reelle x erfüllt ist, und Analoges gilt für $b = 0$ hinsichtlich des Parameters t und der mittleren Zahl jedes Lösungstripels. Für $c = 0$ folgt aus $y = -\frac{a}{b} \cdot x$ das Zahlentripel $(b \cdot s, -a \cdot s, t)$ als allgemeine Lösung.

Eine spezielle Lösung (x_0, y_0, z_0) der inhomogenen Gleichung ergibt $ax_0 + by_0 + cz_0 + d = 0$. Zieht man diese Zahlengleichung von der Variablengleichung $ax + by + cz + d = 0$ ab, so ergibt sich $a \cdot (x - x_0) + b \cdot (y - y_0) + c \cdot (z - z_0) = 0$, in der die drei Klammerausdrücke mit den entsprechenden Termen des homogenen Lösungstripels übereinstimmen müssen, und daraus folgt

$$x = x_0 + c \cdot s, \quad y = y_0 + c \cdot t, \quad z = z_0 - a \cdot s - b \cdot t$$

An dieser Stelle sei ausdrücklich darauf hingewiesen, dass diese Parameterdarstellung der Lösungstripel, ganz abgesehen von der speziellen Lösung (x_0, y_0, z_0), keineswegs eindeutig ist, weil z. B. anstelle der in z expliziten homogenen Gleichung auch die in x oder y explizite Gleichung herangezogen werden könnte. Gemeinsam ist allen diesen

80

Darstellungen nur, dass sie die gesamte Lösungsmenge innerhalb der Grundmenge $G = \mathbf{R} \times \mathbf{R} \times \mathbf{R}$ umfassen, und zwar für jedes Zahlenpaar $(s, t) \in \mathbf{R} \times \mathbf{R}$ genau eine Lösung.

Beispiel: $4x + 6y + 3z = 12$ hat offensichtlich die Lösungen $(3, 0, 0)$, $(0, 2, 0)$ und $(0, 0, 4)$ und unter Verwendung der vorseitigen Parameterdarstellung die Lösungsmenge $L = \{(x, y, z) \,/\, x = 3 + 3s, y = 3t, z = -4s - 6t, (s, t) \in \mathbf{R} \times \mathbf{R}\}$. Darin sind die oben genannten Einzellösungen für die Parameterpaare $(0, 0)$, $(-1, \frac{2}{3})$ und $(-1, 0)$ enthalten sowie die Lösungen $(6, 0, -4)$ und $(3, 3, -6)$ für $(1, 0)$ bzw. $(0, 1)$.

5.22 Ebenengleichungen – Koordinatenform

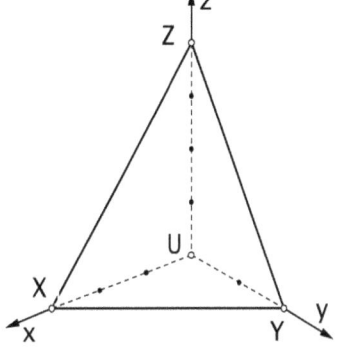

Die Zeichnung zeigt jenen Ausschnitt der Ebene ε durch $X(3|0|0)$, $Y(0|2|0)$ und $Z(0|0|4)$, deren Punkte allesamt nichtnegative Koordinaten besitzen. Die Seiten des Dreiecks XYZ liegen auf den drei Schnittgeraden von ε mit den *Koordinatenebenen* $\pi_1 = (xy)$, $\pi_2 = (yz)$ und $\pi_3 = (xz)$, welche als *Spuren* e_1, e_2 und e_3 der Ebene bezeichnet werden.

Analog zu den Geradengleichungen wird $ax + by + cz + d = 0$ als (allgemeine) *Koordinatenform* (Hauptform) einer *Ebenengleichung* bezeichnet, in der es nur auf das Verhältnis $a : b : c : d$ ankommt und in der jede Ebene des R_3 dargestellt werden kann. Für $d \neq 0$ ist die *Abschnittsform* $\frac{x}{e} + \frac{y}{f} + \frac{z}{g} = 1$ eine gute Option, weil daraus die Koordinaten ihrer auf den Achsen x, y, z liegenden Punkte $X(e|0|0)$, $Y(0|f|0)$ und $Z(0|0|g)$ sofort abgelesen werden können, und für $c \neq 0$ ergibt die Funktionsgleichung $z = T(x, y)$ zu jedem Zahlenpaar (x, y) unmittelbar die *Höhenkote* z, in welcher der Punkt $P(x|y|z)$ über oder unterhalb der waagrechten Ebene π_1 liegt. Setzt man in der Hauptform $z = 0$, so ist $ax + by + d = 0$ die Gleichung der ersten Spur e_1 bezüglich des Achsenkreuzes Uxy. Analoges gilt hinsichtlich der zweiten Spur

e_2 für x = 0 ($\Rightarrow$ by + cz + d = 0) und das Achsenkreuz Uyz sowie hinsichtlich der dritten Spur e_3 für y = 0 ($\Rightarrow$ ax + cz + d = 0) und das Achsenkreuz Uxz.

Dieselben drei Gleichungen können auch als Ebenengleichungen für die zur z-Achse parallelen (d. h. lotrechten), die zur x-Achse parallelen und die zur y-Achse parallelen Ebenen gelten. Hinsichtlich der Punktkoordinaten dieser Ebenen steht jeweils eine für jede reelle Zahl, und zwar unabhängig von den beiden anderen. Sind schließlich zwei der drei Koeffizienten a, b und c gleich 0, so handelt es sich um jene Ebenen, die zu einer Koordinatenachse normal sind. Bei allen Punkten in solchen Ebenen ist dann eine – und zwar die durch die Gleichung angegebene – Koordinate eine Konstante und die beiden anderen können alle Werte aus $\mathbf{R} \times \mathbf{R}$ annehmen. Insbesondere gelten für π_1, π_2 und π_3 die Gleichungen z = 0, x = 0 bzw. y = 0.

5.23 Ebenengleichungen – Parameterform

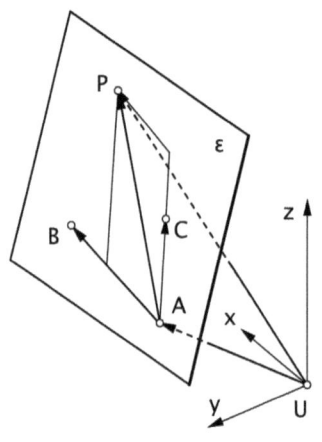

Jede durch drei Punkte A, B, C festgelegte Ebene ε kann in *Parameterform* (Spaltenschreibweise) wie folgt dargestellt werden: Der Vektor $\vec{u}$ mit dem Repräsentanten $\overrightarrow{AB}$ und der Vektor $\vec{v}$ mit dem Repräsentanten $\overrightarrow{AC}$ spannen einen zweidimensionalen Vektorraum auf, in dem sich jeder von A zu einem Punkt P $\in$ ε führende Pfeil als $s \cdot \vec{u} + t \cdot \vec{v}$ darstellen lässt. Die Vektoraddition $\overrightarrow{UP} = \overrightarrow{UA} + \overrightarrow{AP}$ ergibt somit

$$\begin{pmatrix} x \\ y \\ z \end{pmatrix} = \begin{pmatrix} x_0 \\ y_0 \\ z_0 \end{pmatrix} + s \cdot \begin{pmatrix} u_x \\ u_y \\ u_z \end{pmatrix} + t \cdot \begin{pmatrix} v_x \\ v_y \\ v_z \end{pmatrix}$$

In der ersten Spalte stehen die (gesuchten) Koordinaten von P(x|y|z), in der zweiten die des Ausgangspunktes A(x_0|y_0|z_0), in der dritten die

82

Differenzen aus den Koordinaten der Punkte B und A und in der vierten die Differenzen aus den Koordinaten der Punkte C und A, beides nach der Regel „Spitze minus Schaft".

Eine Parameterform ist im Prinzip identisch mit einer Beschreibung der Lösungsmenge jener linearen Gleichung in drei Variablen, welche die Ebene ε repräsentiert, und umgekehrt. Wir bekommen diese Gleichung aus der Parameterform durch Elimination der beiden Parameter und eine Parameterform aus der Koordinatenform mit Hilfe von drei Punkten der Ebene bzw. Lösungstripeln der Gleichung.

Beispiele:

1. Zu $4x + 6y + 3z = 12$ (Beispiel aus UA 5.21) soll eine Parameterform ermittelt werden aus **a)** $X(3|0|0)$, $Y(0|2|0)$ und $Z(0|0|4)$ sowie aus **b)** $A(3|0|0)$, $B(6|0|-4)$ und $C(3|3|-6)$:

$$\textbf{a)} \begin{pmatrix} x \\ y \\ z \end{pmatrix} = \begin{pmatrix} 3 \\ 0 \\ 0 \end{pmatrix} + s \cdot \begin{pmatrix} -3 \\ 2 \\ 0 \end{pmatrix} + t \cdot \begin{pmatrix} -3 \\ 0 \\ 4 \end{pmatrix}$$

$$\textbf{b)} \begin{pmatrix} x \\ y \\ z \end{pmatrix} = \begin{pmatrix} 3 \\ 0 \\ 0 \end{pmatrix} + s \cdot \begin{pmatrix} 3 \\ 0 \\ -4 \end{pmatrix} + t \cdot \begin{pmatrix} 0 \\ 3 \\ -6 \end{pmatrix}.$$

Man beachte die Übereinstimmung der Parameterdarstellung **b)** mit der in UA 5.21 angegebenen Lösungsmenge des Beispiels.

2. Aus der Parameterform **a)** von Beispiel 1 wird durch Elimination von s und t die Koordinatenform abgeleitet: $y = 2s \Rightarrow s = \frac{y}{2}$ (Zeile 2) und $z = 4t \Rightarrow t = \frac{z}{4}$ (Zeile 3) ergibt in Zeile 1 eingesetzt $x = 3 - \frac{3y}{2} - \frac{3z}{4}$ $\Rightarrow 4x + 6y + 3z = 12$.

3. Die erste Spur $e_1 = (XY)$ der Ebene von Beispiel 1 hat in π_1, also im R_2, die Gleichung $2x + 3y = 6$. Im R_3 kann sie durch <u>eine</u> Gleichung nur in Parameterform (Seite 44) dargestellt werden:

$$\begin{pmatrix} x \\ y \\ z \end{pmatrix} = \begin{pmatrix} 3 \\ 0 \\ 0 \end{pmatrix} + t \cdot \begin{pmatrix} -3 \\ 2 \\ 0 \end{pmatrix}$$

Aus $x = 3 - 3t$ und $y = 2t$ folgt über $t = \frac{y}{2}$ die Gleichung $2x + 3y = 6$.

5.24 Quadratische Gleichungen in drei Variablen

Analog zu den einschlägigen Gleichungen in zwei Variablen stellt

$$A \cdot x^2 + B \cdot y^2 + C \cdot z^2 + D \cdot xy + E \cdot xz + F \cdot yz + G \cdot x + H \cdot y + J \cdot z + K = 0$$

die allgemeine Form einer quadratischen Gleichung in drei Variablen dar. Sie beschreibt, sofern wenigstens einer der ersten sechs Koeffizienten ungleich Null ist, eine im Weiteren durchgehend als *Quadrik* bezeichnete algebraische *Fläche zweiter Ordnung* – einschließlich der in Ebenenpaare zerfallenden – in dem Sinn, dass das Koordinatentripel jedes Punktes einer Quadrik eine Gleichung dieser Gestalt erfüllt und umgekehrt. Indem es bei den zehn Koeffizienten auf einen gemeinsamen Faktor nicht ankommt, gilt der Satz: Eine Quadrik ist durch die Angabe von neun (verschiedenen) Punkten eindeutig bestimmt. (Begründung: Lineare Algebra, Abschnitt 6.1.).

Jede Quadrik lässt sich – entweder durch Schraubung in einem Schritt oder durch Drehungen und/oder Schiebungen auf Raten – in eine an das Achsensystem Uxyz besonders gut angepasste Lage bringen, die als *Hauptlage* bezeichnet wird. Bei der zugehörigen Koordinatentransformation verschwindet die Mehrzahl der Koeffizienten aus der allgemeinen Gleichung. Auf einige markante Fälle (Mittelpunktsquadriken, Paraboloide, Drehflächen zweiter Ordnung) wird noch einzugehen sein, allerdings erst im Anschluss an die Behandlung der Kugelfläche als Vorzeigemodell hinsichtlich Hauptlage und allgemeiner Lage sowie ihrer Darstellung durch eine Funktionsgleichung und in Parameterform.

5.25 Kugelgleichungen

Die Gleichung $x^2 + y^2 + z^2 = r^2$ beschreibt hinsichtlich ihrer Lösungsmenge alle Punkte P(x|y|z) einer Kugelfläche in Hauptlage mit dem Mittelpunkt M(0|0|0) und dem Radius r. Das folgt unmittelbar aus dem Pythagoräischen Lehrsatz, so wie dieser etwa zur Berechnung der Diagonalenlänge r eines Quaders mit den Seitenlängen x, y und z angewendet wird. Durch Isolation von z auf der linken Seite und Wurzelziehen ergeben sich daraus die beiden Funktionsgleichungen z =

84

$\pm\sqrt{r^2-x^2-y^2}$. Bei der über π_1 liegenden Funktionsfläche könnte es sich um die halbkugelförmige Überdachung einer kreisförmigen Arena handeln; dann ist z die Höhenkote jenes Dachpunktes P, der sich über einem Besucher befindet, der seinen Standplatz auf P'(x|y), dem Grundriss des Punktes P, hat. Alle Kugelpunkte gleicher Höhe h liegen auf einem Kreis mit der Gleichung $x^2 + y^2 = r^2 - h^2$ in der Ebene z = h, der analog zu den Höhenschichtenlinien auf Geländeflächen als *Schichtenkreis* bezeichnet werden kann.

Mit Hilfe von *Winkelkoordinaten* lässt sich eine *Parameterform* der Kugelfläche erstellen. Unter mehreren Möglichkeiten bevorzuge ich jene, die vom Gradnetz der Erde her bekannt ist, nämlich die geogr. Länge λ als ersten und die geogr. Breite β als zweiten Parameter.

Mit π_1 als Äquatorebene und der z-Achse als Erdachse ist λ der Winkel, den die Meridianebene durch P mit der vor der z-Achse liegenden Hälfte von π_3 einschließt, und zwar rechts davon zwischen 0 und π sowie links davon zwischen 0 und $-\pi$. β ist der Winkel, welchen die Strecke UP für jeden Punkt P auf einem Breitenkreis k mit π_1 einschließt, und zwar oberhalb von π_1 positiv gemessen zwischen 0 und $\pi/2$ und unterhalb von π_1 negativ gemessen zwischen 0 und $-\pi/2$.

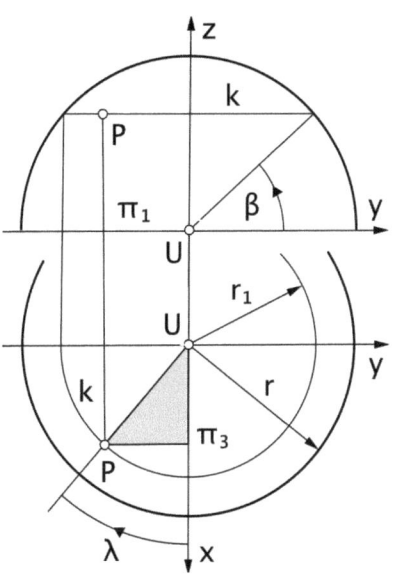

Die Zeichnung (Grund- und Aufriss ohne Verwendung von Projektionszeigern) belegt die Parameterform

$$\begin{pmatrix} x \\ y \\ z \end{pmatrix} = \begin{pmatrix} r \cdot \cos(\beta) \cdot \cos(\lambda) \\ r \cdot \cos(\beta) \cdot \sin(\lambda) \\ r \cdot \sin(\beta) \end{pmatrix}$$

85

Hinsichtlich der Koordinate z von P geht das aus dem Aufriss unmittelbar hervor, hinsichtlich P(x|y) im Grundriss aus dem gerasterten Dreieck mit der Hypotenusenlänge $r_1 = r \cdot \cos(\beta)$, nämlich aus $x : r_1 = \cos(\lambda)$ und $y : r_1 = \sin(\lambda)$.

Für eine Kugelfläche in allgemeiner Lage mit dem Mittelpunkt M(u|v|w) gilt analog zum Kreis (und mit derselben Begründung)

$$(x - u)^2 + (y - v)^2 + (z - w)^2 = r^2$$

„Ausquadrieren" ergibt eine quadratische Gleichung mit $A = B = C = 1$ und fehlenden gemischtquadratischen Gliedern ($D = E = F = 0$). Eine allgemeine quadratische Gleichung in drei Variablen stellt also dann eine Kugelfäche dar, wenn die drei reinquadratischen Glieder denselben Koeffizienten aufweisen und alle gemischtquadratischen Glieder fehlen.

5.26 Mittelpunktsquadriken

So werden alle Quadriken genannt, die drei paarweise zueinander normale Symmetrieebenen aufweisen, deren Schnittpunkt der *Mittelpunkt* der Fläche, also ihr Symmetriezentrum ist. Hauptlage bedeutet in diesem Fall die Identität der Symmetrieebenen mit den Koordinatenebenen, woraus die Identität des Mittelpunkts mit dem Koordinatenursprung U folgt. Die Koordinatenachsen sind auch *Achsen* der Quadrik im Sinne achsialer Symmetrie, die darauf liegenden Flächenpunkte sind ihre *Scheitelpunkte*. In der zugehörigen Flächengleichung verschwinden alle Koeffizienten der gemischtquadratischen und linearen Glieder, sodass eine der beiden *Abschnittsformen* auftritt, je nachdem, ob das Absolutglied nicht ebenfalls verschwindet, oder doch:

$$\frac{x^2}{a^2} \pm \frac{y^2}{b^2} \pm \frac{z^2}{c^2} = 1 \text{ oder } \frac{x^2}{a^2} \pm \frac{y^2}{b^2} \pm \frac{z^2}{c^2} = 0$$

Hinsichtlich der Rechen- bzw. Vorzeichen der Glieder bedeuten bei der linken Gleichung drei Plus, dass es sich um ein *Ellipsoid* mit sechs reellen Scheiteln handelt, die vom Mittelpunkt M die Abstände a, b

86

und c besitzen. Für $a = b = c = r$ handelt es sich um die Kugelgleichung. Zwei Plus und ein Minus bedeutet, dass es sich um ein *einschaliges Hyperboloid* mit vier reellen Scheiteln, ein Plus und zwei Minus bedeutet, dass es sich um ein *zweischaliges Hyperboloid* mit zwei reellen Scheiteln handelt. In beiden Fällen kann ein Minus auch vor dem ersten Glied stehen und die Plus-Glieder zeigen an, auf welchen Achsen sich die reellen Scheitel befinden.

Hinsichtlich der rechten Gleichung bedeutet jede ihrer Lösungen (x_0, y_0, z_0), dass auch alle Vielfachen (kx_0, ky_0, kz_0) die Gleichung erfüllen. Diese Fläche besteht somit aus Geraden (= *Erzeugenden*), die alle durch den Koordinatenursprung U gehen. Es handelt sich also um eine *Kegelfläche zweiter Ordnung*, ihr Mittelpunkt ist deren *Spitze* S. Alle Zeichenfolgen können (gegebenenfalls durch Multiplikation der Gleichung mit −1) lösungsäquivalent auf drei Plus oder auf zwei Plus und ein Minus gebracht werden.

Drei Plus bedeutet, dass die Gleichung außer (0, 0, 0) kein reelles Lösungstripel besitzt. Die zugehörige Fläche wird als *nullteiliger Kegel* bezeichnet, wozu als Sonderfall auch die „Nullkugel" mit der Gleichung $x^2 + y^2 + z^2 = 0$ gehört. (Andere *nullteilige Kurven* und Flächen, die überhaupt keinen reellen Punkt enthalten, sind bisher angesichts der getroffenen Einschränkung der Grundmenge auf reelle Zahlenpaare und reelle Zahlentripel unerwähnt geblieben.) Zwei Plus und ein Minus bedeutet, dass hinsichtlich der „Minus-Achse" (= *Kegelachse* a) deren Normalschnitte Ellipsen und deren Parallelschnitte Hyperbeln sind.

Beispiel: $\frac{x^2}{a^2} + \frac{y^2}{b^2} - \frac{z^2}{c^2} = 0$ beschreibt eine Kegelfläche, die von allen durch die z-Achse legbaren Ebenen nach zwei Erzeugenden geschnitten wird. Alle Schnitte parallel zu π_1 sind Ellipsen, insbesondere für die Schnittebenen-Gleichungen $z = \pm c$ zwei Ellipsen mit den Hauptscheiteln A($a|0|\pm c$), B($-a|0|\pm c$) und den Nebenscheiteln C($0|b|\pm c$), D($0|-b|\pm c$), sofern $a > b$. Alle zur z-Achse parallelen Schnitte sind Hyperbeln, insbesondere für die zu π_2 parallelen Schnittebenen $x = \pm a$ die Hyperbeln mit den Scheiteln A($\pm a|0|c$) und B($\pm a|0|-c$) sowie für die zu π_3 parallelen Schnittebenen $y = \pm b$ die Hyperbeln mit den Scheiteln A($0|\pm b|c$) und B($0|\pm b|-c$).

5.27 Paraboloide und Zylinderflächen

Diese Flächengattungen können als ausgeartete Mittelpunktsquadriken angesehen werden, indem bei ihnen der Mittelpunkt bzw. die Spitze ins Unendliche gerückt und damit zu einem *Fernpunkt* geworden ist. (Dazu enthält Abschnitt 7.3 die zugehörige Algebra.)

Paraboloide besitzen nur zwei Symmetrieebenen, die einander längs der *Paraboloidachse* a schneiden, auf welcher auch der einzige Scheitelpunkt liegt, und deren Fernpunkt der ins Unendliche gerückte Mittelpunkt ist. *Hauptlage* bedeutet, dass der *Paraboloidscheitel* A mit U zusammenfällt, dass a eine Koordinatenachse ist und folglich die Symmetrieebenen zwei Koordinatenebenen sind. Die zur Achse normalen Ebenen schneiden Paraboloide entweder nach Ellipsen ($\Rightarrow$ *elliptische Paraboloide*) oder nach Hyperbeln ($\Rightarrow$ *hyperbolische Paraboloide*). Letztere erfahren in UA 5.29 als Sattelflächen und als Strahlflächen noch eine eigene Behandlung.

Zylinderflächen zweiter Ordnung können als Kegelflächen interpretiert werden, deren Spitze der Fernpunkt der *Zylinderachse* a ist, wo alle (zueinander parallelen) Erzeugenden zusammenlaufen. Die in Normalebenen von a verlaufenden Schnittkurven können (zueinander kongruente) Ellipsen, Hyperbeln oder Parabeln sein. Bei den Zylindern erster und zweiter Art (mit vier bzw. zwei *Scheitelerzeugenden*) schneiden einander zwei Symmetrieebenen längs der Achse a, und Hauptlage bedeutet, dass a eine Koordinatenachse ist. Ist a die z-Achse, so bestimmen die folgenden Gleichungen die zwei Arten von Paraboloiden (links) und die genannten Zylinderarten (rechts), und zwar für Plus den elliptischen und für Minus den hyperbolischen Fall.

$$\frac{x^2}{a^2} \pm \frac{y^2}{b^2} = 2c{\cdot}z \ \text{ bzw. } \ \frac{x^2}{a^2} \pm \frac{y^2}{b^2} = 1$$

Parabolische Zylinder in Hauptlage zeichnen sich dadurch aus, dass deren (einzige) Scheitelerzeugende eine Koordinatenachse ist. Für den Fall, dass das die z-Achse ist, lautet die Flächengleichung wie die entsprechende Parabelgleichung in π_1, nämlich $y^2 = 2p{\cdot}x$, wenn π_3 die zugehörige Symmetrieebene ist, und $x^2 = 2p{\cdot}y$, wenn π_2 die zugehörige Symmetrieebene ist.

5.28 Drehflächen zweiter Ordnung

Dreht man einen Kegelschnitt um eine seiner Achsen oder eine Gerade um eine Achse, so entsteht eine *Drehfläche zweiter Ordnung*. Im erstgenannten Fall entsteht je nach Drehachse ein *eiförmiges Drehellipsoid* bzw. ein *zweischaliges Drehhyperboloid*, wenn die Drehachse a die Scheitelpunkte A und B enthält, und ein *abgeplattetes* (oder linsenförmiges) *Drehellipsoid* bzw. ein *einschaliges Drehhyperboloid* für a = (CD). Ein *Drehparaboloid* entsteht durch Drehung einer Parabel um deren Achse. Eine *Drehkegel-* bzw. *Drehzylinderfläche* wird durch Drehung einer die Drehachse schneidende bzw. zu ihr parallele Gerade erzeugt. Die zur Achse normalen Schnitte sind bei allen Drehflächen Kreise. In den Hauptlage-Gleichungen gilt – für die Drehachse z – jeweils a = b.

5.29 Hyperbolische Paraboloide

Diese Flächen zweiter Ordnung unterscheiden sich hinsichtlich ihres Aussehens ganz wesentlich von allen anderen Quadriken und es gibt unter ihnen auch keine Drehflächen. Sie haben vielmehr die Form von Einsattelungen in Geländeflächen bzw. von Pferdesätteln, indem sie von ihren zwei Symmetieebenen nach Parabeln geschnitten werden, die nach verschiedenen Seiten offen sind. Auch alle anderen durch die Paraboloidachse laufenden Ebenen schneiden die Fläche nach Parabeln, und alle achsennormalen Ebenen schneiden sie nach Hyperbeln Beides ist auch an der Hauptlage-Flächengleichung (Vorseite) zu erkennen und insbesondere die Ausartung der Hyperbelschnitte in zwei Gerade für z = 0. Für a = b sind die Normalschnitte gleichseitige Hyperbeln und die Fläche ist ein *gleichseitiges hyperbol. Paraboloid*.

Die hyperbolischen Paraboloide gehören zu den *windschiefen Strahlflächen*, auf denen sich zwei *Geradenscharen* befinden, wobei einander die Geraden derselben Schar nicht schneiden, also zueinander windschief sind. Weitere windschiefe Strahlflächen sind die einschaligen Hyperboloide und insbesondere die Drehflächen dieser Art, weil diese auch durch Drehung einer zur Drehachse a windschiefen Geraden e erzeugt werden können. Die Schargeraden werden daher generell als *Erzeugende* bezeichnet, wie das auch bei den Kegel- und Zylinderflächen der Fall ist.

Zu den gleichseitigen hyperbolischen Paraboloiden gibt es – analog zur gleichseitigen Hyperbel unter den Kegelschnitten – eine sehr einfache Funktionsgleichung, nämlich $z = a \cdot x \cdot y$, welche jedem Zahlenpaar (x, y) aus $\mathbf{R} \times \mathbf{R}$ genau eine Höhenkote z zuweist, und zwar eine positive, wenn x und y dasselbe Vorzeichen haben, und eine negative, wenn das nicht der Fall ist. Für $x = 0$ oder $y = 0$ ist auch $z = 0$, also liegen die Koordinatenachsen x und y auf der Fläche; es sind das die beiden bereits genannten Schnitterzeugenden.

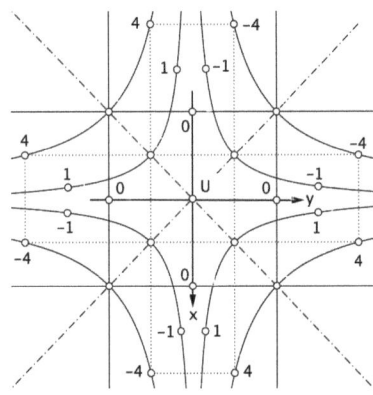

Die Zeichnung zeigt für $a = 1$ einen Grundriss der Fläche (Scheitel $A = U$ und Achse $a = z$) mit den Schichtenlinien x und y für $z = 0$ sowie für $z = \pm 1$ und $z = \pm 4$ in Form gleichseitiger Hyperbeln. Die zwei lotrechten Symmetrieebenen schneiden die Fläche nach Parabeln, in einem Achsenkreuz Uuz mit der Gleichung $u^2 = 2z$ bzw. für ein Achsenkreuz Uvz mit $v^2 = -2z$.

Die Hyperbelscheitel entsprechen oberhalb von π_1 den Lösungen (2, 2, 4), (1, 1, 1), (–1, –1, 1) und (–2, –2, 4) sowie unterhalb von π_1 den Lösungen (2, –2, –4), (1, –1, –1), (–1, 1, –1) und (–2, 2, –4) der Flächengleichung. Weitere Punkte sind an den Stellen $(\pm 1, \pm 4)$, $(\pm 4, \pm 1)$, $(\pm\frac{1}{3}, \pm 3)$, $(\pm 3, \pm\frac{1}{3})$, $(\pm 2, 0)$ und $(0, \pm 2)$ markiert. Die Erzeugenden einer Schar sind die Verbindungsgeraden aller Punkte, deren Grundrisse bezüglich der x-Achse symmetrisch liegen, und für die Erzeugenden der anderen Schar gilt dasselbe hinsichtlich der y-Achse. Die durch die Scheitel der hyperbolischen Schichtenlinien für $z = \pm 4$ laufenden Erzeugenden sind eingezeichnet. Sie weisen, allein schon an der Zeichnung erkennbar, alle die Steigung $k = 2$ auf, weil k die Verhältniszahl zwischen dem Höhenunterschied zweier Punkte zu deren Abstand im Grundriss ist. Generell stimmen bei allen Erzeugenden der Fläche mit der Gleichung $z = x \cdot y$ die Steigungen mit deren (auf der x-Achse bzw. der y-Achse gemessenen) Abständen vom Ursprung U überein.

90

Abschnitt 6:
Gleichungssysteme

Im Zuge der Vorstellung dieses Themas in Abschnitt 2.4 (ab Seite 41) ist der Fall von zwei linearen Gleichungen in zwei Variablen bereits ausführlich behandelt worden und hier daher nur mehr um die Determinantenmethode zu ergänzen, welche auch auf mehr als zwei Gleichungen mit gleich vielen Variablen anwendbar ist. Die Ermittlung von Lösungsmengen linearer Systeme in voller Allgemeinheit, also für m lineare Gleichungen in n Variablen, mit Hilfe von Matrizen schließt Abschnitt 6.1 ab. In Abschnitt 6.2 geht es dann vornehmlich um Systeme, welche aus linearen und quadratischen Gleichungen in zwei und drei Variablen bestehen, einschließlich ihrer geometrischen Interpretation.

6.1 Lineare Gleichungssysteme

Matrizen und Determinanten sind Schlüsselkonzepte der linearen Algebra, werden in diesem Büchlein aber nur in dem Umfang behandelt, als sie für das Bestimmen der Lösungsmengen von linearen Gleichungssystemen von Bedeutung sind.

Unter einer *Matrix* A_{mn} versteht man eine Anordnung von mathematischen Objekten, vornehmlich Zahlen, in m Zeilen und n Spalten. Für m = 1 handelt es sich um einen Zeilen-, für n = 1 um einen Spaltenvektor und für m = n um eine *quadratische Matrix*. Sofern diese aus Zahlen besteht, gehört zu jeder quadratischen Matrix eine *Determinante* $|A_{nn}|$, der ein bestimmter Zahlenwert zukommt.

$$A_{45} = \begin{pmatrix} a_{11} & a_{12} & a_{13} & a_{14} & a_{15} \\ a_{21} & a_{22} & a_{23} & a_{24} & a_{25} \\ a_{31} & a_{32} & a_{33} & a_{34} & a_{35} \\ a_{41} & a_{42} & a_{43} & a_{44} & a_{45} \end{pmatrix} \quad |A_{44}| = \begin{vmatrix} a_{11} & a_{12} & a_{13} & a_{14} \\ a_{21} & a_{22} & a_{23} & a_{24} \\ a_{31} & a_{32} & a_{33} & a_{34} \\ a_{41} & a_{42} & a_{43} & a_{44} \end{vmatrix}$$

Eine Matrix wie die obige tritt z. B. als (erweiterte) Koeffizientenmatrix bei vier linearen Gleichungen in vier Variablen auf.

6.11 Berechnung von Determinanten

Grundsätzlich dienen Determinanten der Feststellung, ob n Vektoren in einem n-dimensionalen Vektorraum linear abhängig sind oder nicht. Hat die aus den Vektoren gebildete Determinante den Wert 0, dann sind sie lineare abhängig, andernfalls linear unabhängig. Ob die Vektoren in Zeilen oder Spalten angeordnet sind ist gleichgültig, weil sich durch Spiegelung einer Determinante an ihrer (von links oben nach rechts unten verlaufenden) Hauptdiagonalen an deren Wert nichts ändert.

Dieser Wert ist bei zweireihigen Determinanten die Differenz aus dem Produkt ihrer Haupt- bzw. Nebendiagonalglieder

$$\begin{vmatrix} a_{11} & a_{12} \\ a_{21} & a_{22} \end{vmatrix} = a_{11} \cdot a_{22} - a_{21} \cdot a_{12}$$

Daraus lässt sich der Wert einer dreireihigen Determinante nach dem folgenden Verfahren berechnen, das analog auch für die Berechnung von vierreihigen Determinanten mit Hilfe von dreireihigen usw. angewendet werden kann:

$$\begin{vmatrix} a_{11} & a_{12} & a_{13} \\ a_{21} & a_{22} & a_{23} \\ a_{31} & a_{32} & a_{33} \end{vmatrix} = a_{11} \cdot \begin{vmatrix} a_{22} & a_{23} \\ a_{32} & a_{33} \end{vmatrix} - a_{21} \cdot \begin{vmatrix} a_{12} & a_{13} \\ a_{32} & a_{33} \end{vmatrix} + a_{31} \cdot \begin{vmatrix} a_{12} & a_{13} \\ a_{22} & a_{23} \end{vmatrix}$$

Dieser sechsgliedrige Term kann aber auch mit Hilfe der nach dem französischen Mathematiker Pierre F. *SARRUS* (1798 – 1861) benannten *Regel* als Summe der drei aus den Gliedern der Hauptdiagonalen, den „gleichlaufenden" Gliedern darunter und darüber, jeweils ergänzt um die „Eckglieder" a_{13} bzw. a_{31} gebildeten Produkte abzüglich der Summe der aus den Gliedern der Nebendiagonalen, den „gleichlaufenden" Gliedern darunter und darüber, jeweils ergänzt um die „Eckglieder" a_{11} bzw. a_{33} gebildeten Produkte, gebildet werden (Reihenfolge wie beschrieben):

$$|A_{33}| = a_{11} \cdot a_{22} \cdot a_{33} + a_{21} \cdot a_{32} \cdot a_{13} + a_{12} \cdot a_{23} \cdot a_{31}$$
$$- (a_{31} \cdot a_{22} \cdot a_{13} + a_{32} \cdot a_{23} \cdot a_{11} + a_{21} \cdot a_{12} \cdot a_{33})$$

Beispiel: Zu zeigen, dass eine Determinante den Wert 0 annimmt, wenn sie aus drei Vektoren besteht, die linear abhängig sind.

$$\begin{vmatrix} a_1 & b_1 & c_1 \\ a_2 & b_2 & c_2 \\ sa_1 + ta_2 & sb_1 + tb_2 & sc_1 + tc_2 \end{vmatrix} =$$

$$= a_1 b_2 \cdot (sc_1 + tc_2) + a_2 c_1 \cdot (sb_1 + tb_2) + b_1 c_2 \cdot (sa_1 + ta_2) -$$
$$c_1 b_2 \cdot (sa_1 + ta_2) - c_2 a_1 \cdot (sb_1 + tb_2) - a_2 b_1 \cdot (sc_1 + tc_2) =$$
$$sa_1 b_2 c_1 + ta_1 b_2 c_2 + sa_2 b_1 c_1 + ta_2 b_2 c_1 + sa_1 b_1 c_2 + ta_2 b_1 c_2 -$$
$$sa_1 b_2 c_1 - ta_2 b_2 c_1 - sa_1 b_1 c_2 - ta_1 b_2 c_2 - sa_2 b_1 c_1 - ta_2 b_1 c_2 = 0.$$

6.12 Die Cramersche Regel

Die nach dem Genfer Mathematiker Gabriel *CRAMER* (1704 – 1752) benannte *Regel* wurde eigentlich schon vom deutschen Universalgenie Gottfried W. LEIBNIZ (1646 – 1716) gefunden und erlaubt es, bei eindeutig lösbaren linearen Gleichungssystemen deren Lösungen mit Hilfe von Determinanten zu berechnen, welche aus den Koeffizienten der Gleichungen gebildet werden. Das Verfahren ist zwar einfach handhabbar, der Rechenaufwand ist aber schon bei drei Gleichungen in drei Variablen in der Regel größer als z. B. die Additionsmethode, vor allem in deren ausgereifter Form mit Hilfe der Koeffizientenmatrix.

Für zwei lineare Gleichungen in zwei Variablen $a_1 x + b_1 y = c_1$ und $a_2 x + b_2 y = c_2$ wird die Lösung (x_0, y_0) nach der Cramerschen Regel wie folgt ermittelt:

$$x_0 = \frac{\begin{vmatrix} c_1 & b_1 \\ c_2 & b_2 \end{vmatrix}}{\begin{vmatrix} a_1 & b_1 \\ a_2 & b_2 \end{vmatrix}} \qquad\qquad y_0 = \frac{\begin{vmatrix} a_1 & c_1 \\ a_2 & c_2 \end{vmatrix}}{\begin{vmatrix} a_1 & b_1 \\ a_2 & b_2 \end{vmatrix}}$$

Die in beiden Nennern stehende Determinante wird als *Systemdeterminante* bezeichnet. In ihr wird für den Zähler von x_0 die a-Spalte durch die c-Spalte ausgetauscht und für den Zähler von y_0 die b-Spalte durch die c-Spalte. Der Beweis der Richtigkeit ist für n = 2 recht einfach: Das System kann nach der Additionsmethode dadurch aufgelöst werden, dass man die erste Gleichung mit b_2 und die zweite Gleichung mit b_1 multipliziert. Durch Subtraktion fällt y weg und man bekommt für x den unten angegebenen Wert x_0. Die Multiplikation der ersten Gleichung mit a_2 und der zweiten mit a_1 samt folgender Subtraktion und Umformung ergibt das y_0 wie folgt:

$$x_0 = \frac{c_1 \cdot b_2 - c_2 \cdot b_1}{a_1 \cdot b_2 - a_2 \cdot b_1} \qquad y_0 = \frac{a_1 \cdot c_2 - a_2 \cdot c_1}{a_1 \cdot b_2 - a_2 \cdot b_1}$$

Bei drei linearen Gleichungen in drei Variablen $a_1x + b_1y + c_1z = d_1$, $a_2x + b_2y + c_2z = d_2$ und $a_3x + b_3y + c_3z = d_3$, für welche genau eine Lösung (x_0, y_0, z_0) existiert, verlangt die Cramersche Regel danach, in der aus der a-Spalte, der b-Spalte und der c-Spalte bestehenden Systemdeterminante für den Zähler von x_0 die a-Spalte durch die d-Spalte, für den Zähler von y_0 die b-Spalte durch die d-Spalte und für den Zähler von z_0 die c-Spalte durch die d-Spalte zu ersetzen, während im Nenner bei allen drei Brüchen die Systemdeterminante steht, deren Wert daher von 0 verschieden sein muss. Analog dazu wäre bei vier Gleichungen in vier Variablen usw. zu verfahren, um den jeweils eindeutigen Lösungsvektor zu berechnen.

Die Regel beinhaltet implizit den Satz, dass n lineare Gleichungen in n Variablen genau dann eindeutig lösbar sind, wenn ihre Systemdeterminante von 0 verschieden ist, also ihre aus den Koeffizienten der Variablen bestehenden Zeilenvektoren linear unabhängig sind. Für n = 2 ist der Beweis in Abschnitt 2.4 bereits erfolgt: Nur wenn zwei Gerade parallel oder identisch sind und damit linear abhängige Normalvektoren (mit $a_1 : b_1 = a_2 : b_2 \Rightarrow a_1 \cdot b_2 = a_2 \cdot b_1 \Rightarrow a_1 \cdot b_2 - a_2 \cdot b_1 = 0$) aufweisen, besitzen sie keinen (eigentlichen) Schnittpunkt und ist das System nicht eindeutig lösbar. Hinsichtlich n = 3 ist das ebenfalls aus der geometrischen Interpretation heraus leicht zu beweisen, wie das in den folgenden UA 6.13 und UA 6.14 geschehen wird.

Beispiel: Die Gleichungen $2x - y = 6$ und $4x + y = 12$ (Seite 42 unten) beschreiben zwei Gerade mit den Normalvektoren $(2, -1)$ und $(4, 1)$. Ihren Schnittpunkt Q(3|0) erhält man nach der Cramerschen Regel wie folgt:

94

$$x_0 = \frac{\begin{vmatrix} 6 & -1 \\ 12 & 1 \end{vmatrix}}{\begin{vmatrix} 2 & -1 \\ 4 & 1 \end{vmatrix}} = \frac{6+12}{2+4} = 3 \qquad y_0 = \frac{\begin{vmatrix} 2 & 6 \\ 4 & 12 \end{vmatrix}}{\begin{vmatrix} 2 & -1 \\ 4 & 1 \end{vmatrix}} = \frac{24-24}{2+4} = 0$$

6.13 Zwei lineare Gleichungen in drei Variablen

Auf Seite 80 ist bereits die Gleichung $a\cdot(x - x_0) + b\cdot(y - y_0) + c\cdot(z - z_0) = 0$ abgeleitet worden, die sich durch Subtraktion der Gleichung $ax_0 + by_0 + cz_0 + d = 0$ von der Gleichung $ax + by + cz + d = 0$ ergibt. In der geometrischen Interpretation ist letztere eine Ebenengleichung, $A(x_0|y_0|z_0)$ ist ein Punkt dieser Ebene und $x - x_0$, $y - y_0$ und $z - z_0$ sind nach der Regel „Spitze minus Schaft" die Koordinaten von Pfeilen $\overrightarrow{AP}$, $\overrightarrow{AQ}$ usw., die vom Punkt A zu den Punkten P, Q usw. der Ebene hinführen.

Damit kann die erstgenannte Gleichung aber als Skalarprodukt jedes in der Ebene ε liegenden Vektors mit dem Vektor $\vec{n} = (a, b, c)$ angesehen werden, weshalb dieser Vektor (nach UA 2.43, Seite 46) ein *Normalvektor* der Ebene ε sein muss. Die für die Geradengleichungen im R_2 geltende Regel setzt sich also im R_3 für die Ebenengleichungen fort und kann auf die als *Hyperebenen* bezeichneten dreidimensionalen „Ebenen" im R_4 usw. ausgedehnt werden, wiewohl sich das unserer Anschauung entzieht.

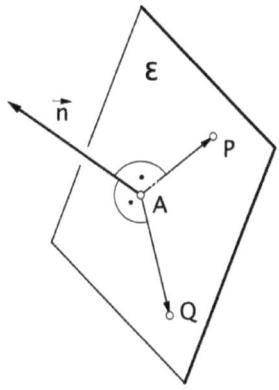

Dieses Wissen erlaubt eine sehr einfache Erstellung der Gleichung einer Ebene, von der ein Normalvektor $\vec{n}$ und ein Flächenpunkt A bekannt ist, nämlich als Skalarprodukt $\vec{n} \cdot (\vec{x} - \vec{a}) = 0$ mit $\vec{x} = (x, y, z)$. Im vorliegenden Kontext ist aber vor allem die Lage von zwei oder drei Normalvektoren zueinander von Bedeutung.

Zwei Ebenen mit den Gleichungen $a_1x + b_1y + c_1z = d_1$ und $a_2x + b_2y + c_2z = d_2$ schneiden einander längs einer Geraden, sofern sie nicht parallel oder zusammenfallend sind. In beiden Sonderfällen sind

95

die Normalvektoren parallel, es muss also $a_1 : b_1 : c_1 = a_2 : b_2 : c_2$ gelten. Folgen auch d_1 und d_2 dieser Proportion, so sind die Ebenen identisch, die Lösungsmenge des Systems ist zweiparametrig und kann aus einer der beiden Gleichungen gemäß UA 5.21 (Seite 80 und folgende) ermittelt werden. Andernfalls ist die Lösungsmenge leer. Für den Normalfall ist die Lösungsmenge des Systems einparametrig und lässt sich jedenfalls über eine Parameterform der Schnittgeraden gewinnen, wozu es nur zweier Einzellösungen bedarf. Diese findet man über zwei gleiche x- oder y- oder z-Werte.

Beispiel: Der Koeffizientenvergleich zeigt, dass die zu Gl. (1) $4x - 3y + 5z = 8$ und Gl. (2) $2x + 3y + z = 4$ gehörigen Ebenen nicht parallel sind und bei genauem Hinschauen entdeckt man bereits einen gemeinsamen Punkt P(2|0|0). Für $x = 0$ ergeben sich die Gleichungen $-3y + 5z = 8$ und $3y + z = 4$ sowie durch Addition $6z = 12$, also $z = 2$ und der zugehörige y-Wert $\frac{2}{3}$, somit ist Q($0|\frac{2}{3}|2$) ein weiterer Punkt auf der Schnittgeraden. Daraus folgt $\overrightarrow{PQ} = (-2, \frac{2}{3}, 2)$ sowie ein ganzzahliger Richtungsvektor $\vec{v} = (-3, 1, 3)$. Die Vektorgleichung $\vec{x} = \vec{p} + t \cdot \vec{v}$ führt mithin zu einer Lösungsmenge L, die wie folgt beschrieben werden kann: $L = \{(x, y, z)/x = 2 - 3t, \ y = t, \ z = 3t, \ t \in \mathbf{R}\}$. Probe: Die für $t = 1$ kommende Lösung $(-1, 1, 3)$ erfüllt beide Gleichungen.

Im Übrigen gilt der bereits mehrmals hinsichtlich unendlicher Lösungsmengen von linearen Gleichungen genannte Sachverhalt, nämlich dass sich diese additiv aus irgendeiner speziellen Lösung der inhomogenen Gleichung und der allgemeinen Lösung der zugehörigen homogenen Gleichung zusammensetzen, auch für das vorliegende lineare Gleichungssystem.

Im Falle des obigen Beispiels ergibt sich eine allgemeine Lösung durch Addition der homogenen Gleichungen $4x - 3y + 5z = 0$ und $2x + 3y + z = 0$; aus $6x + 6z = 0$ folgt $x = -z$ sowie bei Verwendung von $z = 3t$ die Terme $x = -3t$ und $y = t$ für die Lösungsmenge des homogenen Systems. Zusammen mit der speziellen Lösung $(2, 0, 0)$ erhalten wir somit $L = \{(x, y, z)/x = 2 - 3t, \ y = t, \ z = 3t, \ t \in \mathbf{R}\}$, also dieselbe Beschreibung der Lösungsmenge wie sie im vorletzten Absatz bereits enthalten ist.

96

6.14 Drei lineare Gleichungen in drei Variablen, Regelfall

Drei linearen Gleichungen in drei Variablen $a_1x + b_1y + c_1z = d_1$, $a_2x + b_2y + c_2z = d_2$ und $a_3x + b_3y + c_3z = d_3$ entsprechen im R_3 drei Ebenen. Nur wenn deren durch die Koeffizienten a_i, b_i und c_i bestimmten Normalvektoren linear unabhängig sind, also nicht einem zweidimensionalen („ebenen") Vektorraum angehören, besitzen diese drei Ebenen genau einen (endlichen) Schnittpunkt. Das bedeutet für das Gleichungssystem eine von 0 verschiedene Systemdeterminante und genau eine Lösung (x_0, y_0, z_0), die z. B. nach der Cramerschen Regel berechnet werden kann.

Daneben stehen für die Ermittlung des Lösungstripels aber auch die traditionellen Eliminationsmethoden zur Verfügung: Entweder die Substitutionsmethode, beginnend mit dem Umformen einer Gleichung auf explizite Form in einer Variablen und das Ersetzen dieser Variablen in den beiden anderen Gleichungen durch den zugehörigen Term. Ist etwa $x = T(y, z)$, so entsteht auf diese Art ein System von zwei linearen Gleichungen in y und z. Oder die Additionsmethode, nach der z. B. aus der ersten und zweiten sowie aus der ersten und dritten Gleichung das x eliminiert wird, wodurch ebenfalls ein System von zwei linearen Gleichungen in y und z entsteht. Dieses wird aufgelöst, und aus (y_0, z_0) ergibt sich durch „Rückwärtseinsetzen" das zugehörige x_0.

Beispiel: Das System mit Gl. (1) $-x + 2y + 3z = 11$, Gl. (2) $2x - 3y - z = -9$ und Gl. (3) $3x + 4y - 2z = 11$ soll nach der Additionsmethode aufgelöst werden. Gl. (1) mit 2 multipliziert und zu Gl. (2) addiert gibt Gl. (4) $y + 5z = 13$. Gl. (1) mit 3 multipliziert und zu Gl. (3) addiert gibt Gl. (5) $10y + 7z = 44$. Gl. (4) mit (-10) multipliziert und zu Gl. (5) addiert gibt Gl. (6) $-43z = -86$, daraus folgt $z_0 = 2$. Durch „Rückwärtseinsetzen" in Gl. (4) oder (5) kommt $y_0 = 3$ und zuletzt mittels Gl. (1), (2) oder (3) schließlich $x_0 = 1 \Rightarrow L = \{(1, 3, 2)\}$.

Anhand dieses Beispiels wird nun ein einheitliches algebraisches Rechenschema vorgestellt, das allein auf Umformungen der (erweiterten) *Koeffizientenmatrix* beruht. Diese besteht – analog zur

Systemdeterminante – aus der *Systemmatrix* und aus dem Vektor der Absolutglieder in der letzten Spalte. Die Umformung dieser Matrix erfolgt nach denselben Gesetzen, die für die zugehörigen Gleichungen gelten, nach denen sich an der Lösungsmenge des Systems nichts ändert:

1. Die Zeilen der Matrix dürfen beliebig vertauscht werden.
2. Jede Zeile darf mit jeder von 0 verschiedenen Zahl multipliziert oder durch eine solche dividiert werden.
3. Je zwei Zeilen dürfen miteinander addiert werden.

Diese Regeln werden nun (in derselben Reihenfolge wie dort) auf die zum letzten Beispiel gehörige Koeffizientenmatrix angewendet:

$$\begin{pmatrix} -1 & 2 & 3 & 11 \\ 2 & -3 & -1 & -9 \\ 3 & 4 & -2 & 11 \end{pmatrix} \sim \begin{pmatrix} -1 & 2 & 3 & 11 \\ 0 & 1 & 5 & 13 \\ 0 & 10 & 7 & 44 \end{pmatrix} \sim \begin{pmatrix} -1 & 2 & 3 & 11 \\ 0 & 1 & 5 & 13 \\ 0 & 0 & -43 & -86 \end{pmatrix}$$

Die zweite Matrix kommt durch Multiplikation von Zeile Eins mit 2 bzw. 3 und Addition zu Zeile Zwei bzw. Drei zustande, die dritte Matrix durch Multiplikation der (neuen) Zeile Zwei mit (-10) und Addition zu Zeile Drei. Aus dieser ergibt sich $z_0 = 2$, aus der mittleren dann $y_0 = 3$ und aus der ersten $x_0 = 1$.

Die oben genannte Regel 1 erlaubt es, die erste Zeile mit jenen Koeffizienten zu bestücken, wo der erste Koeffizient bzw. dessen Absolutbetrag möglichst klein ist. Im Idealfall ± 1 kann dann sofort mit dem Multiplizieren und Addieren begonnen werden, andernfalls müssen alle anderen Zeilen zuvor so erweitert werden, dass deren erste Koeffizienten Vielfache des ersten Koeffizienten der ersten Zeile sind. Gleiches gilt dann für den ersten von 0 verschiedenen Koeffizienten in Zeile Zwei und so weiter.

6.15 Drei lineare Gleichungen in drei Variablen, Sonderfälle

Solche liegen vor, wenn das System nicht eindeutig lösbar ist, also die drei zugehörigen Ebenen nicht genau einen Schnittpunkt besitzen. Das ist zunächst (I) dann der Fall, wenn deren Richtungsvektoren zueinander parallel sind, wobei im Fall Ia alle drei Ebenen zusammenfallen und die Lösungsmenge dann zweidimensional ist, oder im Fall Ib

98

zueinander parallel sind einschließlich des Zusammenfallens zweier Ebenen. Dann ist die Lösungsmenge leer. Falls die drei Normalvektoren einem zweidimensionalen („ebenen") Vektorraum angehören, liegt der Sonderfall II vor. Dann haben die drei Ebenen entweder eine gemeinsame Schnittgerade (IIa) und die Lösungsmenge ist einparametrig; oder sie liegen zueinander wie drei Seitenflächen eines Prismas (IIb), dann ist die Lösungsmenge leer.

Alle vier Fälle treten beim Umformen der Koeffizientenmatrix wie folgt zutage: Im Fall Ia entstehen nach der ersten Zeile zwei *Nullzeilen*, im Fall Ib sind in Zeile Zwei alle Koeffizienten 0 mit Ausnahme des Absolutgliedes und Zeile Drei ist eine Nullzeile. Im Fall IIa ist Zeile Drei eine Nullzeile und im Fall IIb ist nur das Absolutglied in Zeile Drei von 0 verschieden.

Beispiel: (1) $x - 8y - 14z = 3$, (2) $2x - 6y - 3z = 1$, (3) $-3x + 4y - 8z = 1$. Dass ein Sonderfall vorliegt wäre anhand der Systemdeterminante zu erkennen, deren Wert 0 ist. Geometrischer Lösungsweg: Schnittgerade (Parameterform) z. B. von (1) und (2) nach dem Beispiel von UA 6.13 (Seite 96) ermitteln und anhand zweier Punkte P und Q feststellen, ob deren Koordinaten auch die Gleichung (3) erfüllen oder nicht (Fall IIa oder IIb). Algebraischer Lösungsweg:

$$\begin{pmatrix} 1 & -8 & -14 & 3 \\ 2 & -6 & -3 & 1 \\ -3 & 4 & -8 & 1 \end{pmatrix} \sim \begin{pmatrix} 1 & -8 & -14 & 3 \\ 0 & 10 & 25 & -5 \\ 0 & -20 & -50 & 10 \end{pmatrix} \sim \begin{pmatrix} 1 & -8 & -14 & 3 \\ 0 & 10 & 25 & -5 \\ 0 & 0 & 0 & 0 \end{pmatrix}$$

Aus $2y + 5z = -1$ (Zeile Zwei) folgt $2y = -1 - 5z$. Damit die rechte Seite durch 2 teilbar ist kommt $z = 2t - 1$ in Betracht, daraus folgt $y = 2 - 5t$ und aus $x = 8y + 14z + 3$ (Zeile Eins) folgt $x = 5 - 12t \Rightarrow L = \{(x, y, z)/x = 5 - 12t, y = 2 - 5t, z = 2t - 1, t \in \mathbf{R}\}$.

6.16 Verallgemeinerung

Ab einer Anzahl von vier Variablen, die dann üblicherweise mit x_1, x_2, x_3, x_4 usw. bezeichnet werden, gibt es zwar keine geometrische Deutung mehr, alle bisher genannten algebraischen Verfahren hinsichtlich der Behandlung linearer Gleichungssysteme bleiben aber in Geltung. Das gilt vor allem für die *Matrixmethode*.

In diesem Zusammenhang bezeichnet man als den *Rang einer Matrix* die Anzahl r der nach Umformung auf eine *Stufenmatrix* verbleibenden Zeilen, die keine Nullzeilen sind. Die Ränge von Systemmatrix (ohne Absolutglieder) und erweiterter Matrix geben dann über Lösbarkeit und Lösungsmenge jedes linearen Systems von m Gleichungen in n Variablen wie folgt Aufschluss:

1. Das System ist unlösbar, wenn die Ränge von Systemmatrix und erweiterter Matrix verschieden sind.
2. Für $n = r$ hat das System genau eine Lösung.
3. Für $r < n$ hat das System eine $(n - r)$-parametrige Lösungsmenge.

Diese Regeln entsprechen allen für $n = 2$ und $n = 3$ getätigten Aussagen. Sie besagen insbesondere, dass ein System mit $m > n$, also mit mehr Gleichungen als Variablen, nur dann lösbar ist, wenn beim Umformen mindestens $m - n$ Nullzeilen entstehen und die Ränge von Systemmatrix und erweiterter Matrix übereinstimmen.

Im Mathematik-Unterricht an Höheren Schulen treten lineare Systeme mit $n > 3$ vornehmlich im Zuge der Infinitesimalrechnung auf, wenn aus gegebenen Scheitel- und Wendepunkten der Funktionskurve die Gleichung der zugehörigen Polynomfunktion dritten oder höheren Grades berechnet werden soll. Eine weitere Anwendung ist die Ermittlung der Gleichung eines Kegelschnitts oder einer Quadrik aus fünf bzw. neun gegebenen Punkten, siehe dazu das Beispiel in UA 6.17.

6.17 Homogene lineare Gleichungssysteme

Sind in einem linearen System die Absolutglieder aller Gleichungen gleich 0, dann erübrigt es sich, die Systemmatrix zu erweitern und solche Systeme sind daher immer lösbar. Für $r = n$ kann die einzige Lösung nur der Nullvektor $(0, 0, \ldots 0)$ sein; diese wird auch als *triviale Lösung* bezeichnet. (Unendlich viele) nichttriviale Lösungen besitzt das System nur für $r < n$.

Beispiel: Auf einem Kegelschnitt liegen die Punkte $P_1(1|1), Q_1(-1|2), R_1(-3|2), S_1(-3|1)$ und $P_2(-1|-1)$. Es ist die Kurvengleichung zu ermitteln. Setzt man in der allgemeinen

100

Kurvengleichung $Ax^2 + Bxy + Cy^2 + Dx + Ey + F = 0$ die Koordinaten der fünf Punkte ein, so erhält man ein homogenes lineares System von fünf Gleichungen in sechs Variablen A, B, C, D, E, F, wo z. B. die Variable F als Parameter gelten kann. Bereits die Angabe lässt darauf schließen, dass der Mittelpunkt M des Kegelschnitts mit dem Ursprung U zusammenfällt, weil die Punkte P_1 und P_2 zu diesem symmetrisch liegen, was nach UA 5.13 (Seite 76) $D = E = 0$ zur Folge hätte. Der folgende Rechengang lässt das aber offen; die Reihenfolge der Zeilen in der Systemmatrix entspricht der Reihenfolge der angegebenen Punkte von P_1 bis P_2.

$$\begin{pmatrix} 1 & 1 & 1 & 1 & 1 & 1 \\ 1 & -2 & 4 & -1 & 2 & 1 \\ 9 & -6 & 4 & -3 & 2 & 1 \\ 9 & -3 & 1 & -3 & 1 & 1 \\ 1 & 1 & 1 & -1 & -1 & 1 \end{pmatrix} \sim \begin{pmatrix} 1 & 1 & 1 & 1 & 1 & 1 \\ 0 & -3 & 3 & -2 & 1 & 0 \\ 0 & -15 & -5 & -12 & -7 & -8 \\ 0 & -12 & -8 & -12 & -8 & -8 \\ 1 & 0 & 0 & -2 & -2 & 0 \end{pmatrix} \sim$$

$$\begin{pmatrix} 1 & 1 & 1 & 1 & 1 & 1 \\ 0 & -3 & 3 & -2 & 1 & 0 \\ 0 & 0 & -20 & -2 & -12 & -8 \\ 0 & 0 & -20 & -4 & -12 & -8 \\ 0 & 0 & 0 & -2 & -2 & 0 \end{pmatrix} \sim \begin{pmatrix} 1 & 1 & 1 & 1 & 1 & 1 \\ 0 & -3 & 3 & -2 & 1 & 0 \\ 0 & 0 & 10 & -1 & -6 & 4 \\ 0 & 0 & 0 & -2 & 0 & 0 \\ 1 & 0 & 0 & 0 & -2 & 0 \end{pmatrix}$$

Aus Zeile Fünf folgt $E = 0$, aus Zeile Vier $D = 0$, aus Zeile Drei folgt $10C + 4F = 0$, also $C = -\frac{2}{5}F$, aus Zeile Zwei $-3B - \frac{6}{5}F = 0$, also $B = -\frac{2}{5}F$, und aus Zeile Eins folgt $A - \frac{2}{5}F - \frac{2}{5}F + F = 0$, also $A = -\frac{1}{5}F$. Für den Parameterwert $F = -5$ lauten die ersten drei Koeffizienten daher $A = 1$ und $B = C = 2$. Das ergibt die Kurvengleichung $x^2 + 2xy + 2y^2 - 5 = 0$.

6.2 Nichtlineare Gleichungssysteme

Aus der Vielfalt von Möglichkeiten, sowohl hinsichtlich der Anzahl der Gleichungen und deren Grad wie auch nach der Anzahl der Variablen, werden hier nur jene Fälle herausgegriffen, die eine geometrische Deutung zulassen, und auch das nur in dem Rahmen, der durch die bisher behandelten Kurven, einschließlich der Geraden, und

Flächen vorgegeben ist. Grundsätzlich erweist sich die Substitutionsmethode hier durchgängig als zweckmäßig.

6.21 Eine lineare und eine quadr. Gleichung in zwei Variablen

In diesem Fall führt der Austausch einer Variablen x oder y in der
quadratischen Gleichung durch den Term T(y) oder T(x), der sich
durch Umformung der linearen Gleichung ergibt, zu einer quadratischen Gleichung in einer Variablen und somit zu maximal zwei reellen Lösungen. Aus geometrischer Sicht handelt es sich um die Berechnung der Schnittpunkte einer Geraden mit einem Kegelschnitt. Im
Falle einer Doppellösung berührt die Gerade den Kegelschnitt.

Beispiele:

1. (1) $2x - 3y + 6 = 0$, (2) $2x^2 - 3y^2 + 12 = 0$: Substitution von
$x = \frac{3y - 6}{2}$ in die quadr. Gleichung führt zu $y^2 - 12y + 20 = 0$ mit
den Lösungen $y_1 = 10$ und $y_2 = 2 \Rightarrow L = \{(12,10), (0,2)\}$. Geometrische Deutung: Die Gerade (1) schneidet die Hyperbel (2) in den
Punkten P(12|10) und Q (0|2).

2. (1) $x - 2y - 4 = 0$, (2) $x^2 - xy + 2y^2 - 7 = 0$: Substitution von
$x = 2y + 4$ in die quadr. Gleichung ergibt $y^2 + 3y + \frac{9}{4} = 0$ mit der
Doppellösung $y_{12} = -\frac{3}{2} \Rightarrow L = \left\{\left(1, -\frac{3}{2}\right)\right\}$. Geometrische Deutung:
Die Gerade (1) berührt die Ellipse (2) im Punkt T $\left(1\middle|-\frac{3}{2}\right)$.

3. (1) $x - 2y - 4 = 0$, (2) $x^2 - xy - 2y^2 - 7 = 0$: Substitution von
$x = 2y + 4$ in die quadr. Gleichung ergibt $12y + 9 = 0$ mit der Lö-
sung $y_1 = -\frac{3}{4} \Rightarrow L = \left\{\left(\frac{1}{2}, -\frac{3}{4}\right)\right\}$. Geometrische Deutung: Es gibt
nur einen (endlichen) Schnittpunkt S $\left(\frac{1}{2}\middle|-\frac{3}{4}\right)$. Die Begründung dafür
erfolgt in Abschnitt 7.3. Ebenso wird dort die Regel abgeleitet, nach
der (recht einfach) festgestellt werden kann, ob es sich bei einer quadratischen Gleichung in zwei Variablen um eine Ellipsen-, Hyperbel-
oder Parabelgleichung handelt, einschließlich der Sonderfälle, als da
sind Kreise, einander schneidende oder parallele Gerade.

102

6.22 Zwei quadratische Gleichungen in zwei Variablen

Jede quadratische Gleichung in zwei Variablen $T(x, y) = 0$ lässt sich mit Hilfe der pq-Formel zu $y = T_1 \pm \sqrt{T_2(x)}$ umformen oder analog auf eine explizite Form bezüglich x bringen. (Das nächste Beispiel enthält die konkrete Vorgangsweise.) Daher ist es immer möglich, durch Substitution in die zweite quadratische Gleichung zu einer Gleichung in einer Variablen (x oder y) maximal vierten Grades zu gelangen, und eine solche hat (nach dem Fundamentalsatz) maximal vier reelle Lösungen. Aber in vielen Fällen verläuft die Rechnung wesentlich einfacher, wie die folgenden Beispiele zeigen.

Geometrisch gesehen läuft die Rechnung auf die Ermittlung der Koordinaten der Schnittpunkte von zwei Kegelschnitten hinaus. Im Fall einer Ellipse und einer Hyperbel in Hauptlage ist leicht zu veranschaulichen, dass es sich entweder um vier reell getrennte (und sowohl zum Ursprung U wie auch zu den beiden Achsen x und y symmetrisch liegende) Schnittpunkte handelt oder dass einander die beiden Kurven in zwei Scheitelpunkten berühren oder dass überhaupt keine (reellen) Schnittpunkte auftreten. Im Spezialfall zweier Kreise gibt es nur maximal zwei (endliche) Schnittpunkte. Die Begründung dafür erfolgt in Abschnitt 7.3.

Beispiele:

1. (1) $x^2 + 2xy + 2y^2 - 5 = 0$, (2) $x^2 + y^2 = 10$. Anhand dieses Beispiels sollen verschiedene Vorgehensweisen aufgezeigt werden. Am einfachsten erscheint die Umformung von (2) in $x^2 = 10 - y^2 \Longrightarrow x = \sqrt{10 - y^2}$. Substitution in (1) führt zu $10 - y^2 + 2y \cdot \sqrt{10 - y^2} + 2y^2 - 5 = 0 \Longrightarrow 2y \cdot \sqrt{10 - y^2} = -(y^2 + 5) \Longrightarrow 4y^2 \cdot (10 - y^2) = (y^2 + 5)^2 \Longrightarrow 40y^2 - 4y^4 = y^4 + 10y^2 + 25 \Longrightarrow 5y^4 - 30y^2 + 25 = 0 \Longrightarrow y^4 - 6y^2 + 5 = 0$. Diese biquadratische Gleichung hat für $y^2 = u$ die Lösungen $u_1 = 1$ und $u_2 = 5$, in Folge daher $y_{12} = \pm 1$ und $y_{34} = \pm\sqrt{5}$. Die zugehörigen x-Werte lassen sich aus $x^2 = 10 - y^2$ mit $x_{12} = \pm 3$ und $x_{34} = \pm\sqrt{5}$ zwar berechnen, aber nicht eindeutig zuordnen. Falsche Zuordnungen können allerdings durch Proben, also das Einsetzen in Gleichung (1), ausgeschieden werden.

Alternativ dazu bietet sich eine Umformung von Gleichung (1) an, wie bereits angekündigt: $x^2 + (2y) \cdot x + (2y^2 - 5) = 0 \Rightarrow x = -y \pm \sqrt{y^2 - 2y^2 + 5} \Rightarrow x = -y \pm \sqrt{5 - y^2}$. Substitution in Gleichung (2) ergibt die biquadratische Gleichung $y^4 - 6y^2 + 5 = 0$, wie gehabt. Dasselbe Zwischenergebnis liefert die Substitution mit $x = -\frac{y^2+5}{2y}$ in Gleichung (2). Der Bruch kommt zustande, wenn Gleichung (2) von Gleichung (1) subtrahiert wird, und erlaubt nun auch eine Zuordnung, die jedem y das „richtige" x zuweist, was folgende Lösungsmenge ergibt: $L = \{(-3, 1), (3, -1), (-\sqrt{5}, \sqrt{5}), (\sqrt{5}, -\sqrt{5})\}$.

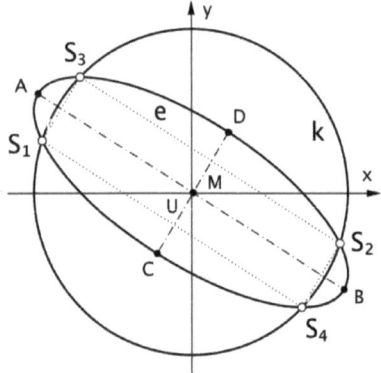

Geometrische Deutung: (1) ist die im Beispiel von UA 6.17 berechnete Ellipsengleichung, (2) die Kreisgleichung mit M = U und $r = \sqrt{10}$. Die Koordinaten von S_1 bis S_4 stehen (in dieser Reihenfolge) in der Menge L. Die Strecken AB und CD sind zu S_1S_4 parallel bzw. normal, was eine Berechnung der Scheitel ermöglichen würde.

2. (1) $x^2 + y^2 - 14x + 9 = 0$, (2) $y^2 = 4x$. Substitution von (2) in (1) ergibt $x^2 + 4x - 14x + 9 = 0 \Rightarrow x^2 - 10x + 9 = 0 \Rightarrow x_{12} = 5 \pm \sqrt{25 - 9} \Rightarrow x_1 = 9, x_2 = 1 \Rightarrow y_{12} = \pm 6, y_{34} = \pm 2$. Geometrische Deutung: (1) beschreibt einen Kreis mit M(7|0) und $r = 2 \cdot \sqrt{10}$, (2) eine Parabel in Hauptlage. Die vier Schnittpunkte sind $S_{12}(9|\pm 6)$, $S_{34}(1|\pm 2)$.

3. (1) $x^2 + y^2 - 4x + 6y = 51$, (2) $x^2 + y^2 + 5x - 3y = 24$. Subtraktion der beiden Gleichungen führt zur linearen Gleichung $9y - 9x = 27$ und weiter zu $y = 3 + x$. Substitution in (1) ergibt die quadratische Gleichung $x^2 + 4x - 12 = 0$ mit den Lösungen $x_1 = 2$ und $x_2 = -6 \Rightarrow y_1 = 5, y_2 = -3$. Geometrische Deutung: (1) und (2) sind Kreisgleichungen; bei solchen entsteht durch Subtraktion immer eine Geradengleichung, daher haben zwei Kreise höchstens zwei reelle Schnittpunkte, in unserem Fall $S_1(2|5)$ und $S_2(-6|-3)$.

104

6.23 Eine lineare und eine quadr. Gleichung in drei Variablen

Einer linearen und einer quadratischen Gleichung in drei Variablen entsprechen geometrisch eine Ebene und eine Quadrik; der Lösungsmenge eines solchen Gleichungssystems entspricht daher deren Schnittkurve, also ein Kegelschnitt einschließlich der zerfallenden.

Die Anschauung besagt allerdings, dass bei Ellipsoiden, insbes. Kugeln, zweischaligen Hyperboloiden, elliptischen Paraboloiden sowie Kegel- und Zylinderflächen die Ebene an der Fläche auch vorbeiführen kann, ohne diese zu schneiden oder mit ihr gegebenenfalls höchstens einen reellen Punkt (Berührpunkt oder Kegelspitze) gemeinsam zu haben. Auf diesen Fall *nullteiliger Schnittkurven* (Seite 87) und komplexer Lösungen wird hier nicht näher eingegangen.

Reelle Schnitte von Quadriken in Hauptlage mit zu π_1, π_2 oder π_3 parallelen Ebenen sind in den UA 5.25 bis UA 5.29 bereits vorgestellt worden. Hinsichtlich einer allgemeinen Lage von Quadrik und Schnittebene lassen sich Einzellösungen allenfalls durch die Belegung einer Variablen mit einem bestimmten Zahlenwert berechnen, wobei dann – genau genommen – bereits der im nächsten Absatz genannte Fall vorliegt. So ist z. B. für die Belegung z = 0 mit der Koordinatenebene π_1 bereits eine zweite Ebene im Spiel.

6.24 Zwei lineare und eine quadr. Gleichung in drei Variablen

Die Lösungsmenge von zwei linearen und einer quadratischen Gleichung (1), (2) und (3) in drei Variablen enthält, geometrisch gesehen, die Koordinaten der (maximal zwei reellen) *Durchstoßpunkte* der Schnittgeraden der beiden Ebenen mit der durch die quadr. Gleichung (3) definierten Quadrik. Man erhält sie entweder aus den Koordinatengleichungen durch schrittweises Eliminieren oder mit Hilfe einer Parameterform der Schnittgeraden der beiden Ebenen, wie eine solche gemäß UA 6.13, Seite 96, ermittelt werden kann. Deren drei Komponenten x = X(t), y = Y(t) und z = Z(t) werden in die Quadrik-Gleichung eingesetzt, was zu einer nur mehr den Parameter t als Variable enthaltenden quadratischen Gleichung führt. Im Falle reeller Lösungen t_1, t_2 ergeben sich daraus die gesuchten Koordinatentripel.

6.25 Eine lineare und zwei quadr. Gleichungen in drei Variablen

Ein solches System lässt sich, sofern die spezielle Angabe (siehe Beispiel) nicht eine einfachere Lösung zulässt, durch Elimination z. B. der Variablen z in den beiden quadratischen Gleichungen mit Hilfe der aus der linearen Gleichung ermittelten Form $z = T(x, y)$ auf den bereits in UA 6.22 (Seite 103) behandelten Fall von zwei quadratischen Gleichungen in zwei Variablen zurückführen, also letztlich auf eine Gleichung vierten Grades in einer Variablen. Deren maximal vier reelle Lösungen bedingen wiederum maximal vier reelle Zahlentripel als Lösungen des genannten Systems. In Abschnitt 7.3 wird auf diesen Fall noch näher eingegangen.

Beispiel: (1) $x + 7y - 5z = 0$, (2) $x^2 + y^2 - z^2 = 0$, (3) $x^2 + y^2 - (z - 5)^2 = 125$. Durch Subtraktion der Gleichung (2) von der Gleichung (3) fallen bereits zwei Variable weg und die Gleichung $z^2 - 5z - 50 = 0$ hat die Lösungen $z_1 = 10$ und $z_2 = -5$. Für z_1 folgt aus der Gleichung (1) die Beziehung $x = 50 - 7y$ und aus Gleichung (2) folgt $x^2 + y^2 = 100$, was durch Substitution zu $y^2 - 14y + 48 = 0$ mit $y_{11} = 8$ ($\Rightarrow x_{11} = -6$) und $y_{12} = 6$ ($\Rightarrow x_{12} = 8$) führt. Für z_2 folgt aus Gleichung (1) die Beziehung $x = -25 - 7y$ und aus Gleichung (2) folgt $x^2 + y^2 = 25$, was durch Substitution zu $y^2 + 7y + 12 = 0$ mit $y_{21} = -3$ ($\Rightarrow x_{21} = -4$) und $y_{22} = -4$ ($\Rightarrow x_{22} = 3$) führt. Das Gleichungssystem hat daher die Lösungsmenge $L = \{(-6, 8, 10), (8, 6, 10), (-4, -3, -5), (3, -4, -5)\}$.

Geometrische Deutung: (2) ist eine Drehkegelgleichung (Achse z) und (3) definiert eine Kugel mit $M(0|0|5)$ und $r = 5 \cdot \sqrt{5}$. Die Durchdringung der beiden Quadriken findet längs zweier (horizontaler) Kreise mit den Mittelpunkten $N_1(0|0|10)$ und $N_2(0|0|-5)$ sowie den Radien $r_1 = 10$ und $r_2 = 5$ statt. Die beiden Kreise werden von der Ebene (1) in vier Punkten geschnitten, deren Koordinaten in L stehen.

Schlussbemerkung: Jener Teil der Algebra, der sich mit dem Auflösen nichtlinearer Gleichungssysteme in voller Allgemeinheit beschäftigt, wird durchaus passend als *Eliminationstheorie* bezeichnet und war Thema der Mathematik-Hausarbeit, das mir zum Abschluss meines Lehramtsstudiums an der Universität Wien von Univ.-Prof. Dr. Edmund HLAWKA (1916 – 2009) vorgegeben worden ist.

106

Abschnitt 7:

Ergänzungen

In diesem Abschnitt sind einige Themen zusammengefasst, welche im bisherigen Algebra-Lehrgang nur gestreift worden sind, ohne näher auf sie einzugehen. In Abschnitt 7.3 wird der Lehrgang schließlich mit der algebraischen Behandlung von Fernpunkten, Ferngeraden und der Fernebene abgeschlossen, weil nur unter deren Einbeziehung allgemeingültige Aussagen im Bereich der Lagengeometrie, insbesondere über Schnittbeziehungen, getroffen werden können.

7.1 Ungleichungen

Ungleichungen unterscheiden sich von Gleichungen dadurch, dass zwischen zwei Termen anstelle eines Ist-gleich-Zeichens eines der vier Symbole < (Ist-kleiner-Zeichen), ≤ (Kleiner-gleich-Zeichen), ≥ (Größer-gleich-Zeichen) oder > (Ist-größer-Zeichen) steht. Jede Ungleichung enthält die durch das entsprechende Zeichen zum Ausdruck gebrachte Aussage (z. B. 9 > 5) oder Forderung, sofern in ihr Variable vorkommen. So verlangt etwa x < 4 danach, jene Zahlen aus einer Grundmenge G anzugeben, für welche aus der Ungleichung eine wahre Aussage wird. Diese bilden, wie bei den Gleichungen, die zugehörige Lösungsmenge L. Für G = $\mathbf{N}$ folgt z. B. aus x < 4 umgehend L = {1, 2, 3}.

In diesem Lehrgang sind Ungleichungen bisher nur implizit im Zusammenhang mit der Definitionsmenge von Wurzelgleichungen, und zwar erstmals auf Seite 35, aufgetreten. Deren Lösungen lagen entweder auf der Hand oder waren verzichtbar. Im folgenden Abschnitt 7.2 spielen sie hingegen eine wesentlich größere Rolle.

7.11 Äquivalenzumformungen

Hinsichtlich von Umformungen, die an der Lösungsmenge einer Ungleichung nichts ändern, besteht zu den Gleichungen ein einziger, allerdings wesentlicher Unterschied: Das Multiplizieren beider Seiten einer Ungleichung mit einer negativen Zahl verändert das Ungleichzeichen in dessen Gegenteil: Aus < wird > und aus ≤ wird ≥ sowie umgekehrt. Unmittelbar erkennbar ist das anhand von Zahlen: Aus $-5 < 8$ folgt unmittelbar $5 > -8$ usw.

Lineare Ungleichungen in einer Variablen lassen sich immer so vereinfachen, dass die Lösungsmenge L als Teilmenge einer vorgegebenen Grundmenge G sofort abgelesen werden kann. Fällt beim Umformen die Variable weg, dann ist die Ungleichung allgemeingültig, wenn diese Aussage wahr ist, mit L = G, und unerfüllbar, wenn diese Aussage falsch ist, mit L = { }.

7.12 Ungleichungssysteme

Im Unterschied zu den Gleichungen führt auch ein System von mehreren Ungleichungen in einer Variablen in der Regel zu einer nicht leeren Lösungsmenge. Sie bildet den Durchschnitt aus den Lösungsmengen der einzelnen Ungleichungen.

Beispiel: (1) $5 \cdot (3x + 4) \geq 7 + 2x$, (2) $x^2 - 8 \cdot (x - 2) \geq (x - 2)^2$. Aus Ungleichung (1) folgt $15x + 20 \geq 7 + 2x \implies 13x \geq -13 \implies x \geq -1$. Aus Ungleichung (2) folgt $x^2 - 8x + 16 \geq x^2 - 4x + 4 \implies -4x \geq -12 \implies 4x \leq 12 \implies x \leq 3$. Lösungen des Systems sind daher alle Zahlen der Grundmenge zwischen -1 und 3 einschließlich der Intervallgrenzen, für G = $\mathbf{Z}$ gilt also L = {-1, 0, 1, 2, 3}. Für -1 und 3 gilt in jeweils einer der beiden Ungleichungen das Ist-gleich-Zeichen.

7.13 Quadratische Ungleichungen und Bruchungleichungen

Solche Ungleichungen lassen sich auf ein System von (mindestens) vier Ungleichungen in einer Variablen zurückführen. *Quadratische Ungleichungen* sind zu diesem Zweck in Linearfaktoren aufzuspalten. Soll deren Produkt größer als Null sein, so müssen die Faktoren entweder beide positiv oder beide negativ sein und die Lösungsmenge der quadratischen Ungleichung ist der Durchschnitt der entsprechenden Teillösungen. Ebenso verhält es sich bei *Bruchungleichungen* hinsichtlich von Zähler und Nenner. Analog ist zu verfahren, wenn das Produkt oder der Quotient negativ werden soll.

108

Beispiel: $x \cdot (x + 1) < 15 - x \Rightarrow x^2 + 2x - 15 < 0 \Rightarrow (x - 3) \cdot (x + 5) < 0 \Rightarrow (3 - x) \cdot (x + 5) > 0$. Die beiden Ungleichungen $3 - x > 0$ und $x + 5 > 0$ werden von Zahlen erfüllt, die zwischen -5 und 3 liegen, das ergibt für $G = \mathbf{Z}$ die Lösungsmenge $L = \{-4, -3, -2, -1, 0, 1, 2\}$. Die beiden Ungleichungen $3 - x < 0$ und $x + 5 < 0$ ergeben keine zusätzlichen Lösungen.

7.2 Diophantische Gleichungen

Dieses Spezialgebiet, bei dem es ausschließlich um ganzzahlige Lösungen von Gleichungen und Gleichungssystemen geht, wird im Bereich der Schulmathematik nur im Zusammenhang mit einparametrigen Lösungsmengen gestreift und soll auch hier nicht in jenem größeren Umfang behandelt werden, der ihm seiner Bedeutung nach in der Wissenschaft, vor allem in der Zahlentheorie, zukommt. Als weiterführende Beispiele seien nur die *Pythagoräischen Tripel* erwähnt, als welche die ganzzahligen Lösungen der Gleichung $x^2 + y^2 = z^2$ bezeichnet werden, sowie die *Fermatsche Vermutung*, dass es für alle natürlichen Exponenten, die größer als 2 sind, keine ganzzahligen Lösungen der Gleichung $x^n + y^n = z^n$ gibt. Über 300 Jahre bemühten sich die Mathematiker der Welt, diese vom französischen Juristen und Mathematiker Pierre de FERMAT (1601 – 1665) aufgestellte Behauptung zu beweisen, bis dies im Jahr 1994 Andrew WILES (*1954, Professor in Oxford, Harward und Princeton) auf der Basis deutscher und japanischer Vorarbeiten gelungen ist.

7.21 Unlösbare Gleichungen der Form ax + by = c

Beim gegenständlichen Thema wird vornehmlich auf den schon mehrmals verwendeten Satz zurückgegriffen, dass bei linearen Gleichungen und Gleichungssystemen mit einparametrigen Lösungsmengen sich diese additiv zusammensetzen aus der allgemeinen Lösung der homogenen Gleichung bzw. des homogenen Systems und irgendeiner Einzellösung. Eine ganzzahlige Darstellung einer solchen Lösungsmenge L verlangt daher, dass neben einer ganzzahligen Darstellung der allgemeinen Lösung, was in der Regel keine Probleme macht, auch eine ganzzahlige Einzellösung gefunden wird.

Dabei kann von vorneweg die Aussage getroffen werden, dass es bei einer Gleichung das Form ax + by = c mit teilerfremden ganzzahligen Koeffizienten a, b, c eine ganzzahlige Lösung dann nicht gibt, wenn a und b einen gemeinsamen Teiler d > 1 haben. Denn in diesem Fall führt ax + by = c umgehend zu d·(a_1x + b_1y) = c, und für den Fall, dass ein ganzzahliger Klammerausdruck existiert, müsste c durch d > 1 teilbar sein – im Widerspruch zu der Annahme, dass a, b und c teilerfremd sind. Daher ist die Lösungsmenge einer Diophantischen Gleichung ax + by = c mit teilerfremden Koeffizienten jedenfalls leer, wenn a und b einen gemeinsamen Teiler haben, der größer als Eins ist.

Geometrische Deutung: Jede durch eine Gleichung mit der genannten Eigenschaft festgelegte Gerade enthält keinen *Gitterpunkt*, als welche Punkte mit ganzzahligen Koordinaten bezeichnet werden.

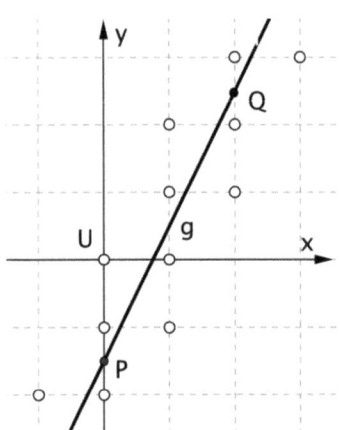

Das lässt sich durch entsprechende Zeichnungen leicht veranschaulichen, man muss dazu nur eine Gleichung ax + by = c hernehmen, bei der a und b ganzzahlig und c = z/n eine Bruchzahl mit teilerfremdem Zähler z und Nenner n > 1 ist, z. B. 2x − y = $\frac{3}{2}$. Durch Erweitern ergibt sich 4x − 2y = 3, also eine Gleichung der genannten Art. Diese Gerade g enthält P(0|−1,5) und Q(2|2,5), aber keine Gitterpunkte.

7.22 Kongruenzgleichungen

Andernfalls können ganzzahlige Lösungen immer durch das Lösen von Kongruenzgleichungen ermittelt werden, wobei wir den bereits in UA 1.33 (Seite 19) genannten Restklassen wiederbegegnen, allerdings hier ohne die dort getroffene Einschränkung auf nichtnegative ganze Zahlen.

Was bereits bekannt ist: Zwei ganze Zahlen a und b gehören derselben *Restklasse modulo m* an, wenn sie bei Division durch m > 0 denselben

110

Rest r ergeben, also $\frac{a}{m} = q_1 + r$ und $\frac{b}{m} = q_2 + r$ mit $0 \le r < m$. Bei Differenzbildung $\frac{a}{m} - \frac{b}{m}$ fällt das r weg, rechts kommt $q_1 - q_2 = k \in \mathbf{Z}$ und durch Erweitern der ganzen Gleichung mit m schließlich $a - b = k \cdot m$. Also ist die Differenz zweier Zahlen, die derselben Restklasse angehören, immer durch m teilbar und gehört also der Restklasse 0 modulo m an. Dieses Bilden von Differenzen ist für Beweiszwecke einsetzbar und gewährleistet auch bei den negativen Zahlen die richtigen Zuordnungen. So gehört etwa die Zahl –5 der Restklasse 3 modulo 4 an, weil $(-5) - 3 = (-8)$ durch 4 teilbar ist, und –23 gehört der Restklasse 5 modulo 7 an, weil $(-23) - 5 = (-28)$ durch 7 teilbar ist.

Gehören zwei Zahlen a und b derselben Restklasse an, so wird das symbolisch durch die *Kongruenzgleichung* $a \equiv b \bmod m$ angezeigt und als „a ist kongruent b modulo m" gelesen.

In solchen Gleichungen kann jede Zahl durch eine andere ausgetauscht werden, sofern diese derselben Restklasse angehört. In Kongruenzgleichungen können aber auch Variable stehen und diese Gleichungen bleiben richtig, wenn die entsprechenden Terme nach den Regeln der Algebra umgeformt werden. Ebenso sind das Addieren und das Subtrahieren derselben ganzen Zahl (oder desselben ganzzahligen Terms) auf beiden Seiten sowie das Multiplizieren beider Seiten mit einer ganzen Zahl $c \ne 0$ Umformungen, welche an einer Kongruenzbeziehung nichts ändern.

Beweise: Aus $a \equiv b \bmod m$ folgt $a - b \equiv 0 \bmod m$. Werden beide Seiten der Kongruenzgleichung um dieselbe Zahl oder denselben Term additiv verändert, so fällt dieser Posten bei der Differenzbildung wieder weg. Hinsichtlich eines Faktors c ergibt für $a \cdot c \equiv b \cdot c \bmod m$ die Differenzbildung $a \cdot c - b \cdot c = (a - b) \cdot c$, worin $a - b$ durch m teilbar ist. Daher ist auch jedes Vielfache von $a - b$ durch m teilbar.

Lediglich bei der Division von $a = a_1 \cdot c$ und $b = b_1 \cdot c$ durch $c \ne 0$ gibt es – im Unterschied zu den Gleichungen – eine Ausnahme. Ist nämlich $c = c_1 \cdot d$ und $m = m_1 \cdot d$ mit $d > 1$, so liefert die folgende Rechnung ein Ergebnis, welches zu denken gibt: $a - b = a_1 \cdot c - b_1 \cdot c = (a_1 - b_1) \cdot c = (a_1 - b_1) \cdot c_1 \cdot d = k \cdot m = k \cdot m_1 \cdot d$. Nur wenn $k = k_1 \cdot c$, also ein Vielfaches von c ist, womit man aber von vornherein nicht rechnen kann, bleibt bei der Division dieser Gleichung durch c das m davon unberührt und es gilt $a_1 - b_1 = k_1 \cdot m$; andernfalls wird durch das Kürzen von $a \equiv b$ mod m auch das m „mitgekürzt". Kürzt man etwa bei $18 \equiv 10$ mod 8 durch 2, so kommt $9 \equiv 5$ mod 4. Das Kürzen einer Kongruenzgleichung ist also nur dann unbedenklich, wenn der Divisor c und der Modul m teilerfremd sind.

Beispiel: Für die Zahlen welcher Restklasse modulo 5 ist die Kongruenzgleichung $3 \cdot (x - 11) \equiv 7x$ mod 5 erfüllt? $3x - 33 \equiv 7x$ mod $5 \Longrightarrow -33 \equiv 4x$ mod $5 \Longrightarrow -28 \equiv 4x$ mod $5 \Longrightarrow -7 \equiv x$ mod $5 \Longrightarrow 3 \equiv x$ mod 5. Probe für $x = -7, -2, 3$ und 8: $-54 \equiv -49$ mod 5 $(-49 + 54 = 5)$; $-39 \equiv -14$ mod 5 $(-14 + 39 = 25)$; $-24 \equiv 21$ mod 5 $(21 + 24 = 45)$; $-9 \equiv 56$ mod 5 $(56 + 9 = 65)$.

7.23 Eine lineare Gleichung in zwei Variablen

Bei einer Gleichung der Form $ax + by = c$ (mit ganzzahligen und teilerfremden Koefizienten) ist eine ganzzahlige Lösung der homogenen Gleichung $ax + by = 0$ wegen $a \in \mathbf{Z}$ und $b \in \mathbf{Z}$ mit $(b \cdot t, -a \cdot t)$ nach UA 5.11 (Seite 74) unmittelbar gegeben. Hinsichtlich einer ganzzahligen Lösung der inhomogenen Gleichung führt, abgesehen von der in UA 7.21 genannten Ausnahme, immer das folgende Verfahren zum Ziel.

Die Umformung von $ax + by = c$ auf eine explizite Form bezüglich y führt zu $y = \frac{-ax + c}{b}$ und für ganzzahlige x ergibt sich daraus ein ganzzahliges y, wenn der Zähler dieses Bruches durch b teilbar ist. Im Sinne von UA 7.22 erhält man ein passendes x also durch das Auflösen der folgende Kongruenzgleichung: $-ax + c \equiv 0$ mod b. Anstelle der obigen Funktionsgleichung kann selbstverständlich auch eine explizite Form bezüglich x verwendet werden. Das ganze Procedere erübrigt sich, falls einer der beiden Koeffizienten a oder b entweder 1 oder -1 ist.

Beispiel: 25 Liter Apfelsaft sollen in Flaschen zu $\frac{3}{4}$ Liter und 2 Liter abgefüllt werden. Es sind alle Möglichkeiten dafür anzugeben. Die betreffende Gleichung lautet $x \cdot 2 + y \cdot \frac{3}{1} = 25$ oder $8x + 3y = 100$. Als

112

allgemeine Lösung der homogenen Gleichung kommt (3t, −8t) in Frage. Eine passende Kongruenzgleichung für das Ermitteln einer Einzellösung ist $100 - 8x \equiv 0 \bmod 3 \Rightarrow 100 \equiv 8x \bmod 3 \Rightarrow 16 \equiv 8x \bmod 3 \Rightarrow 2 \equiv x \bmod 3$. Für $x_0 = 2$ kommt $y_0 = 28$ und eine Parameterform der Lösungsmenge lautet daher $L = \{(x, y) / x = 2 + 3t, y = 28 - 8t, t \in \mathbf{Z}\}$.

Damit ist die Sache allerdings noch nicht erledigt, weil der Praxisbezug nach den nichtnegativen Lösungen in dieser Lösungsmenge verlangt, weshalb noch das Ungleichungssystem $2 + 3t \geq 0$ und $28 - 8t \geq 0$ aufgelöst werden muss. Die erste Ungleichung verlangt $3t \geq -2$, also $t \geq 0$ und die zweite $26 \geq 8t$, also $t \leq 3$. Damit kommen als Parameter die Werte $t = 0, 1, 2$ und 3 in Frage, was zu den Zahlenpaaren (2, 28), (5, 20), (8, 12) und (11, 4) führt. Als Kontrolle bietet sich an, dass jede dieser Verteilungen 25 Liter ergeben muss.

7.24 Zwei lineare Gleichungen in drei Variablen

Die Ermittlung einer Parameterdarstellung der Lösungsmenge von zwei linearen Gleichungen in drei Variablen ist in UA 6.13, insbesondere auf Seite 96, nach verschiedenen Methoden behandelt worden. Im Folgenden wird der algebraische Weg bevorzugt. Ganzzahlige Einzellösungen können, wie schon in UA 7.23, mit Hilfe von Kongruenzgleichungen gefunden werden. Gesichert ist deren Ermittlung jedenfalls, wenn in wenigstens einer der beiden Gleichungen wenigstens eine Variable „singulär", also mit dem Koeffizienten ± 1, auftritt. Diese wird dann bei Verwendung der Matrixmethode in der ersten Zeile an die erste Stelle gesetzt. Bei anwendungsorientierten Aufgaben beschreibt eine Gleichung mit $x + y + z = n \in \mathbf{N}$ aber ohnehin oft eine vorgegebene Summe von Stückzahlen. Mit der Lösung einer solchen Aufgabe soll dieser Abschnitt zum Abschluss gebracht werden.

Beispiel: In der Binnenschifffahrt kommen u. a. Containerschiffe zum Einsatz, welche maximal 100 Zwanzig-Fuß-Container bis zu einem Gesamtgewicht von 1200 Tonnen transportieren können. Gefragt ist nach der optimalen Auslastung solcher Schiffe, wenn Container in drei Gewichtsklassen, nämlich zu 8 Tonnen, 11 Tonnen und 15 Tonnen, befördert werden sollen.

Seien x, y und z die Stückzahlen der 8-Tonnen-, 11-Tonnen- und 15-Tonnen-Container, so ist nach der Angabe das System mit (1) x + y + z = 100 und (2) 8x + 11y + 15z = 1200 aufzulösen. Nach der Matrixmethode wird zunächst die folgende Rechnung durchgeführt:

$$\begin{pmatrix} 1 & 1 & 1 & 100 \\ 8 & 11 & 15 & 1200 \end{pmatrix} \sim \begin{pmatrix} 1 & 1 & 1 & 100 \\ 0 & 3 & 7 & 400 \end{pmatrix}$$

Die homogene Gleichung $3y + 7z = 0$ wird durch die Parameterterme $y = 7t$ und $z = -3t$ erfüllt, was mittels des auf 0 gesetzten linken Teiles der Gleichung (1) zu $x = -7t + 3t = -4t$ führt. Die inhomogene Gleichung $3y + 7z = 400$ lässt sich zu $y = \frac{400-7z}{3}$ umformen, die Kongruenzgleichung $400 - 7z \equiv 0 \bmod 3$ kann über $400 \equiv 7z \bmod 3$ und $7 \equiv 7z \bmod 3$ zu $1 \equiv z \bmod 3$ umgeformt werden, was ganzzahlige $z_0 = 1$ und $y_0 = 131$ sowie aus Gleichung (1) $x_0 = -32$ ergibt. Eine ganzzahlige Parameterdarstellung der Lösungsmenge lautet daher $L = \{(x, y, z) / x = -32 - 4t, y = 131 + 7t, z = 1 - 3t, t \in \mathbf{Z}\}$.

Nun sind noch die drei Ungleichungen $-32 - 4t \geq 0$, $131 + 7t \geq 0$ und $1 - 3t \geq 0$ aufzulösen, was $-t \geq 8$, $t \geq -\frac{131}{7}$ und $-t \geq \frac{1}{3}$ ergibt, wobei die dritte Ungleichung ($t \leq 0$) durch die erste ($t \leq -8$) übertrumpft wird und die mittlere $t \geq -18$ ergibt. Nicht negative Stückzahlen sind daher für Parameterwerte zwischen -18 und -8 einschließlich der Intervallgrenzen zu erwarten. Dieses Ergebnis kann übersichtlich in der folgenden Tabelle zusammengefasst werden:

$-t$	8	9	10	11	12	13	14	15	16	17	18
$8t$	0	4	8	12	16	20	24	28	32	36	40
$11t$	75	68	61	54	47	40	33	26	19	12	5
$15t$	25	28	31	34	37	40	43	46	49	52	55

7.3 Homogene Punktkoordinaten

Den Gleichklang von Geometrie und Algebra in vollem Umfang erfassen zu können verlangt danach, die Punkte des R_2 und des R_3 durch *homogene Punktkoordinaten* darzustellen. Bei diesen kommt es nur auf das Verhältnis zueinander an, wie solches bei Geraden und Ebenen durch die Koeffizienten a : b : c (: d) gang und gäbe ist. Das ermöglicht es nämlich, auch *Fernelemente* in die Rechnung miteinzubeziehen, ohne welche hinsichtlich einer allgemeingültigen Beschreibung lagengeometrischer Phänomene kein Auslangen zu finden ist.

7.31 Der zweidimensionale projektive Raum

Darunter ist der bisher als „offen" angesehene ebene Raum R_2 zu verstehen, welcher durch eine *Ferngerade* abgeschlossen ist, auf der sich alle *Fernpunkte* dieses Raumes befinden. Man kann sich die Ferngerade als einen Kreis mit unendlich großem Radius vorstellen, der dann keine Krümmung mehr besitzt, wie das bei Geraden so üblich ist.

Im *projektiven Raum* R_2 gibt es keine Ausnahmen: Da haben je zwei (verschiedene) Gerade immer einen Schnittpunkt gemeinsam, bei parallelen Geraden ist das ihr gemeinsamer Fernpunkt. Und ein Kegelschnitt wird von einer Geraden immer nach zwei Punkten geschnitten, also auch von der Ferngeraden, sodass ein Kegelschnitt immer zwei Fernpunkte besitzt.

Im R_2 werden homogene Koordinaten von Zahlentripeln (x_1, x_2, x_0), gebildet, bei denen es allerdings nur auf das Verhältnis $x_1 : x_2 : x_0$ ankommt und wo für die Koordinaten aller als *eigentliche Punkte* P(x|y) bezeichneten Nicht-Fernpunkte $x = \frac{x_1}{x_0}$ und $y = \frac{x_2}{x_0}$ gilt. Für diese muss daher $x_0 \neq 0$ sein und $P(x_1:x_2:1)$ ist gleichbedeutend mit $P(x_1|x_2)$. Allerdings lassen sich durch die homogenen Koordinaten nun auch Fernpunkte beschreiben, für welche nämlich $x_0 = 0$ gilt.

Die Brauchbarkeit dieser Festlegung wird sofort erkennbar, wenn wir nach den Fernpunkten von Geraden und Kegelschnitten fragen, als welche deren Schnittpunkte mit der Ferngeraden $x_0 = 0$ anzusehen sind. In homogenen Koordinaten wird aus der Gleichung ax + by + c = 0 einer Geraden g die Gleichung $ax_1 + bx_2 + cx_0 = 0$, und für die Koordinaten ihres Schnittpunktes G_u mit der Ferngeraden muss daher $ax_1 + bx_2 = 0$ gelten. Da (a, b) ein Normalvektor von g und die auf 0 gesetzte Gleichung ein Skalarprodukt (Seite 46) ist, bildet jedes Zahlenpaar (x_1, x_2), welches die Gleichung erfüllt, also z. B. (−b, a), einen Richtungsvektor der Geraden ab. Somit bedeutet $G_u(x_1:x_2:0)$ den

Fernpunkt aller Geraden, für die (x_1, x_2) ein Richtungsvektor ist. Da jeder zu (x_1, x_2) kollineare Vektor dasselbe leistet, kann hier noch durch $x_2 \neq 0$ dividiert werden, sodass es zu jeder reellen Zahl u genau einen Fernpunkt $G_u(u:1:0)$ auf der Ferngeraden gibt, und zwar mit $u = -\frac{b}{a}$. (Wegen $x_2 = 0$ fehlt dabei allerdings der Fernpunkt der x-Achse.)

7.32 Die Fernpunkte der Kegelschnitte

Die Kegelschnittgleichungen $Ax^2 + Bxy + Cy^2 + Dx + Ey + F = 0$ werden mit Benützung homogener Koordinaten auf $Ax_1^2 + Bx_1x_2 + Cx_2^2 + Dx_1x_0 + Ex_2x_0 + Fx_0^2 = 0$ umgeschrieben. Die Koordinaten der Schnittpunkte mit der Ferngeraden $x_0 = 0$ müssen daher die Gleichung $Ax_1^2 + Bx_1x_2 + Cx_2^2 = 0$ erfüllen, welche sich (mit $x_2 = 1$) auf $Au^2 + Bu + C = 0$ und weiter auf $u^2 + \frac{B}{A} \cdot u + \frac{C}{A} = 0$ umschreiben lässt. Nach der pq-Regel folgt daraus $u_{12} = -\frac{B}{2A} \pm \sqrt{\frac{B^2}{4A^2} - \frac{C}{A}} = \frac{-B \pm \sqrt{B^2 - 4AC}}{2A}$. Je nachdem, ob die *Diskriminante* $B^2 - 4AC$ positiv, negativ oder 0 ist, besitzt ein Kegelschnitt daher zwei reelle oder zwei imaginäre Fernpunkte bzw. hat dieser dort einen Doppelpunkt. Die getrennten Fernpunkte sind auch mit der Anschauung gut vereinbar, indem es sich nämlich im ersten Fall um eine Hyperbel bzw. um zwei einander in einem eigentlichen Punkt schneidende Gerade handelt, während im zweiten Fall eine Ellipse bzw. ein Kreis vorliegen muss, da diese Kurven sicher keine reellen Fernpunkte besitzen. Im dritten Fall handelt es sich entweder um eine Parabel, was diese als den Kegelschnitt ausweist, welcher die Ferngerade berührt, oder im Sonderfall um zwei parallele Gerade, deren gemeinsamer Fernpunkt doppelt zu zählen ist.

Damit ermöglicht die Berechnung der Diskriminante für jede quadratische Gleichung $T(x, y) = 0$ in zwei Variablen die Feststellung, ob diese eine Hyperbel, eine Ellipse oder eine Parabel (unter Einschluss der genannten Sonderfälle) beschreibt.

Für jede Kreisgleichung gilt $A = C$ und $B = 0$. In diesem Fall führt die obige Formel zu $u_{12} = \pm\frac{\sqrt{-4}}{2} = \pm\frac{2 \cdot \sqrt{-1}}{2} = \pm i$, was zwei Punkten $I_u(i:1:0)$ und $J_u(-i:1:0)$ entspricht. Jeder Kreis durchläuft diese zwei

116

imaginären Fernpunkte; sie werden als *absolute Kreispunkte* bezeichnet. Und darum haben zwei Kreise nur maximal zwei reelle eigentliche Schnittpunkte, wie auch die Rechnung zu Beispiel 3 aus UA 6.22 (Seite 104) belegt.

In Beispiel 3 aus UA 6.21 (Seite 102) ist der Fall aufgetreten, dass eine Gerade g mit der Gleichung (1) $x - 2y - 4 = 0$ einen Kegelschnitt h mit der Gleichung (2) $x^2 - xy - 2y^2 - 7 = 0$ in nur einem Punkt schneidet, ohne ihn dort zu berühren. Nach der im vorletzten Absatz abgeleiteten Formel haben die beiden Fernpunkte des Kegelschnitts h wegen $A = 1$, $B = -1$ und $C = -2$ als jeweils erste homogene Koordinate die Werte $u_1 = \frac{1+\sqrt{1+8}}{2} = 2$ und $u_2 = \frac{1-\sqrt{1+8}}{2} = -1$; für die erste homogene Koordinate des Fernpunkts der Geraden g mit $a = 1$ und $b = -2$ gilt $u = -\frac{b}{a} = 2$. Die Übereinstimmung $u_1 = u$ belegt, dass die Hyperbel h und die Gerade g den Fernpunkt $G_u(2{:}1{:}0)$ als zweiten Schnittpunkt gemeinsam haben. Das bedeutet, weil die Asymptoten einer Hyperbel deren Tangenten in den zwei Fernpunkten sind, dass die Gerade g zu einer der zwei Asymptoten von h parallel ist.

7.33 Das Bézoutsche Theorem

Dass im projektiven Raum R_2 zwei Gerade, wenn sie nicht identisch sind, genau einen Schnittpunkt haben, eine Gerade und ein Kegelschnitt immer deren zwei sowie zwei Kegelschnitte genau vier, das hat in der Algebra seine Entsprechung im *Bézoutschen Theorem*. Während bei Systemen von inhomogenen Gleichungen verschiedener Grade n_1, n_2, ...keine Regel über die Anzahl N der Lösungen existiert, hat der Franzose Étienne BÉZOUT (1730 – 1783) für *homogene Gleichungssysteme* den folgenden allgemeingültigen Satz entdeckt: $n-1$ Gleichungen in n Variablen haben genau $N = n_1 \cdot n_2 \cdot ... \cdot n_{m-1}$ (nicht kollineare) Lösungen, sofern die (geometrisch sinnlose) triviale Lösung nicht mitgezählt wird, oder sie haben unendlich viele.

Im R_2 haben wir es unter Verwendung homogener Punktkoordinaten immer mit zwei homogenen Gleichungen und drei Variablen zu tun: Daher haben zwei lineare Gleichungen immer $1 \cdot 1 = 1$ Lösungstripel $(x_1{:}x_2{:}x_0)$, eine lineare und eine quadratische Gleichung deren $1 \cdot 2 = 2$

und zwei quadratische Gleichungen $2 \cdot 2 = 4$. (Zwei dieselbe Gerade oder Kurve beschreibende Gleichungen sind der Ausnahmefall.)

Verallgemeinernd kann damit auch der Satz formuliert werden, dass eine algebraische Gleichung n-ten Grades in zwei Variablen x, y (bzw. drei Variablen $x_1 : x_2 : x_0$) mit einer linearen Gleichung dieser Art immer genau n Lösungen besitzt. Damit stimmen der Grad einer algebraischen Gleichung in zwei Variablen und die Anzahl der Schnittpunkte der zugehörigen Kurve mit einer Geraden der gemeinsamen Trägerebene stets überein. Diese Anzahl wird als *Ordnung der ebenen Kurve* bezeichnet, was anhand der Kegelschnitte bereits praktiziert worden ist (Seite 75). Wie bei allen algebraischen Regeln gilt das „i. S. d. a. W" (Seite 54), sodass also auch imaginäre Lösungen gelten und Mehrfachlösungen gemäß ihrer Vielfachheit zu zählen sind.

7.33 Der dreidimensionale projektive Raum

Darunter ist unser bisher als „offen" angesehener Erfahrungsraum R_3 zu verstehen, wenn derselbe durch eine *Fernebene* mit der Gleichung $x_0 = 0$ abgeschlossen wird, in der sich alle Fernpunkte und Ferngeraden befinden. Man kann sich die Fernebene als eine Kugelfläche mit unendlich großem Radius vorstellen, die dann keine Krümmung mehr besitzt, wie das bei Ebenen so üblich ist.

Im R_3 werden homogene Koordinaten von vier Zahlen x_1, x_2, x_3, x_0 gebildet, für die ganz die gleichen Regeln gelten wie in der ebenen Geometrie, also für eigentliche Punkte P(x|y|z) die Beziehungen $x = \frac{x_1}{x_0}$, $y = \frac{x_2}{x_0}$ und $z = \frac{x_3}{x_0}$ mit $x_0 \neq 0$ und für Fernpunkte $x_0 = 0$.

In Anwendung des Bézoutschen Theorems haben wir es jetzt mit drei Gleichungen in vier Variablen zu tun. Sind alle drei Gleichungen linear, so ergibt $1 \cdot 1 \cdot 1 = 1$ die einzige Lösung, geometrisch gesehen den Schnittpunkt dreier Ebenen, der allerdings auch ein Fernpunkt sein kann, wenn zwei der drei Ebenen parallel sind. Die im Theorem genannten Ausnahmen stellen nur mehr drei zusammenfallende Ebenen oder solche mit einer gemeinsamen Schnittgeraden dar, welche im Falle von drei parallelen Ebenen auch deren gemeinsame Ferngerade $ax_1 + bx_2 + cx_3 = 0$ sein kann.

118

Bei zwei linearen und einer quadratischen Gleichung ergibt das Theorem $1 \cdot 1 \cdot 2 = 2$ Lösungen, denen die *Durchstoßpunkte* der Schnittgeraden der beiden Ebenen mit einer Quadrik entsprechen. Die Quadriken wurden bereits auf Seite 84 als Flächen zweiter Ordnung bezeichnet, weil nämlich, analog zur ebenen Geometrie, die *Ordnung einer algebraischen Fläche* durch die Anzahl ihrer Schnittpunkte mit einer Geraden definiert ist. Jede Ebene durch diese Gerade schneidet die Fläche nach einer ebenen Kurve, deren Schnittpunkte-Anzahl mit der Geraden dieselbe ist. Daher stimmen die Ordnungen von algebraischen Flächen und deren ebenen Schnitten stets überein.

7.34 Ordnung und Zerfall von Raumkurven

Zuletzt: Bei einer linearen und zwei quadratischen Gleichungen ergibt das Bézoutsche Theorem mit $1 \cdot 2 \cdot 2 = 4$ die Anzahl der Schnittpunkte der *Durchdringungskurve* von zwei Quadriken mit einer Ebene, wie das Beispiel aus UA 6.25 (Seite 106) belegt. In der Regel sind die Durchdringungskurven von zwei algebraischen Flächen der Ordnungen n_1 und n_2 dreidimensionale Kurven, im Falle zweier Quadriken also *Raumkurven vierter Ordnung*. Als *Ordnung einer Raumkurve* gilt nämlich die Anzahl ihrer Schnittpunkte mit einer Ebene, im allgemeinen Fall also $N = n_1 \cdot n_2 \cdot 1$. Diese Definition lässt sich aber auch auf die Ordnung ebener Kurven im R_3 anwenden.

Das ist allein schon deswegen zwingend, als eine räumliche Durchdringungskurve auch in mehrere Teilkurven zerfallen kann, und N ist dann die Summe von deren Ordnungen. So zerfällt etwa die Durchdringungskurve beim oben genannten Beispiel in zwei Parallelkreise $(2 + 2 = 4)$, wie das bei allen Drehquadriken der Fall ist, welche die Drehachse gemeinsam haben. (Die Trägerebenen solcher Kreise stellen die im Bézoutschen Theorem genannte Ausnahme dar.)

Raumkurven dritter Ordnung können überhaupt nur durch Kurvenzerfall erzeugt werden, wenn z. B. zwei Strahlflächen zweiter Ordnung eine Erzeugende gemeinsam haben $(1 + 3 = 4)$. Aber auch ein Zerfall in $1 + 1 + 2$ (z. B. Kegel und Zylinder zweiter Ordnung, die einander längs einer Erzeugenden berühren) oder in $1 + 1 + 1 + 1$ (zwei Zylinderflächen zweiter Ordnung mit parallelen Erzeugenden) ist möglich.

7.35 Der absolute Kegelschnitt

Kurvenzerfall in zwei Kreise beantwortet auch die Frage, warum zwei Kugeln einander sichtbarerweise nach höchstens einem reellen Kreis schneiden. Das liegt daran, dass alle Kugeln als Schnittlinie mit der Fernebene eine Fernkurve gemeinsam haben, welche als *absoluter Kegelschnitt* bezeichnet wird und auf der alle absoluten Kreispunkte liegen. Schreiben wir nämlich die allgemeine Kugelgleichung $x^2 + y^2 + z^2 + dx + ey + fz + g = 0$ auf homogene Koordinaten um und multiplizieren wir sie anschließend mit x_0^2, so kommt $x_1^2 + x_2^2 + x_3^2 + dx_1x_0 + ex_2x_0 + fx_3x_0 + gx_0^2 = 0$. Daraus wird durch Nullsetzen von x_0 die Gleichung des Schnittkreises der (bzw. jeder) Kugel mit der Fernebene, und zwar $x_1^2 + x_2^2 + x_3^2 = 0$. Das ist die Gleichung eines nullteiligen Kreises, der im Unendlichen liegt und keinen einzigen reellen Punkt beinhaltet. Eine räumliche Vorstellung lässt sich damit selbstverständlich nicht verbinden.

Sachregister

Das Register enthält alle im Text durch Kursivschrift ausgezeichneten Fachausdrücke und die Seite, wo sie erklärt werden.

Schätze der Mathematik:
FOLGEN und REIHEN

Dieser Lehrgang baut auf der Pflichtschul-Mathematik auf und führt den für die Höhere Mathematik grundlegenden Grenzwertbegriff ebenso exakt wie anschaulich ein. Weiters erlaubt dieses Thema, auf viele Schätze der Mathematik, wie sie (u. a.) von Archimedes, Euklid, Fibonacci, Pascal, Euler, Gauß und Cantor gehoben worden sind, einzugehen. Bei aller fachlichen Wissensvermittlung steht das Bemühen im Vordergrund, das wesentlichste Bildungsziel der Mathematik an Gymnasien zu fördern, nämlich logisch, strukturiert, ganzheitlich, vernetzt und nachhaltig denken zu lernen und diese Fähigkeit in allen Lebenslagen anwenden zu können.

ISBN 9783738656923, 100 Seiten, A5-Format, 2. Aufl. 2015, € 6,--

Früchte der Mathematik:
KARTOGRAPHIE

Das Thema der Kartographie sind die vielfältigen Methoden, welche zur Abbildung der runden Erde auf eine Ebene im Verlauf von gut zwei Jahrtausenden entwickelt worden sind. Dabei handelt es sich im Wesentlichen um angewandte Mathematik auf gediegenem Reifeprüfungsniveau. Mit dieser Publikation verfolgt der Autor die Absicht, das Thema so kompakt und verständlich wie möglich, aber auch so präzise wie möglich darzustellen. Vor allem aber versteht er dieses Sachbuch als Beitrag zu einer fundierten Allgemeinbildung und hofft auf eine daran interessierte Leserschaft. Diesem Ziel dient nicht zuletzt das Eingehen auf historische Daten und Abläufe sowie auf die großartigen Leistungen europäischer Geistesgrößen im nämlichen Zusammenhang. Schließlich haben diese die abendländische Kulturlandschaft ganz maßgeblich mitgestaltet.

ISBN 9783748144595, 100 Seiten, A5-Format, 2. Aufl. 2019, € 6,--

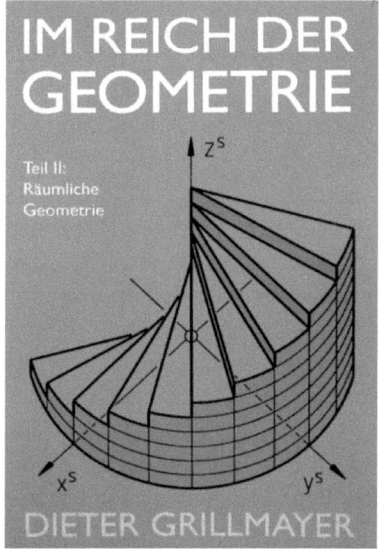

Das Buch „Im Reich der Geometrie" (Teil I: Ebene Geometrie, Teil II: Räumliche Geometrie) wurde aus Freude an Geometrie für Freunde der Geometrie geschrieben, insbesondere für solche, die verschüttetes Wissen und Können wieder ausgraben wollen. Es enthält in kompakter Form einen sowohl hinsichtlich rechnerischer, insbesondere algebraischer, als auch konstruktiver Geometrie durchkomponierten Lehrgang, dessen Abfolge den schulischen Geometrieunterricht nachvollzieht, in beiden Teilen aber über das Reifeprüfungsniveau hinausführt.

Auf Grund der zahlreichen Anregungen zum „Weiterdenken" könnte das Buch auch mithelfen, entsprechend begabte Schülerinnen und Schüler für eine erfolgreiche Teilnahme an Mathematik-Wettbewerben fit zu machen und bei der Abfassung vorwissenschaftlicher Arbeiten in Mathematik oder Darstellender Geometrie zu unterstützen.

Die beiden Bände sind in den Jahren 2009 und 2010 entstanden und gehören seither zum festen Verlagsprogramm der Books on Demand GmbH, Norderstedt.

Teil I: ISBN 978-3-8370-2335-0, 196 Seiten, Großformat, € 19,80
Teil II: ISBN 978-3-8391-5593-6, 212 Seiten, Großformat, € 19,80

Semper et ubique
Unvergängliches und allgegenwärtiges Latein

In einer Bildungsgesellschaft sollte unbestritten sein, dass Latein ein abendländisches Kulturgut ersten Ranges ist, dem im Schulunterricht die Funktion eines europäischen Integrationsfaches zukommt. Der Praxisbezug ist dadurch gegeben, dass das Lateinische eine gute Grundlage für das Erlernen lebender Sprachen darstellt, dass es für das Fremdwörter-Verständnis einen wichtigen Beitrag leistet und dass Latein vermöge seiner strengen Grammatik das Verständnis für die Struktur der Muttersprache bzw. von „Sprache an sich" fördert. „Semper et ubique" möchte dazu beitragen, dieses Bewusstsein zu festigen. Neben einem grundlegenden Grammatikwissen vermittelt das Büchlein den Zugang zu Hunderten von lateinischen Spruchweisheiten, Floskeln und Fremdwörtern, ihrer Herkunft und Übersetzung, eingebettet in das historisch-kulturell-politische Umfeld.

ISBN 9783738625769, 96 Seiten, A5-Format, 2. Aufl. 2015, € 6,-

Aus meinem Tourenbuch

Eine fünfbändige Serie, in der rund 180 Bergwanderungen beschrieben und durch über 600 Farbfotos illustriert werden. Damit möchte der Autor erstrangig die Erinnerung bei allen Weggefährten, insbesondere bei seiner Frau Rosemarie und den Kindern, wachhalten, doch will er die geschilderten Unternehmungen auch den geneigten Leserinnen und Lesern schmackhaft machen. Die Bände „Zentralalpen I, II" umfassen das betreffende Tourengebiet zwischen den Walliser Alpen und den Niederen Tauern mit dem Großglockner als Höhepunkt, „Nordalpen I, II" Bayern, Westösterreich, das Salzkammergut, die Eisenwurzen sowie Priel – Pyhrn – Gesäuse und die östlichen Kalkberge, „Südalpen" schließlich als Schwerpunkt die Dolomiten, aber auch Touren in den Karnischen Alpen, den Karawanken und den Julischen Alpen mit dem Triglav als Abschluss.

Jeder Band zwischen 92 und 108 Seiten, A5-Format, 1. Aufl. 2020